趣味通晓心理学

[日] 涉谷昌三　著

李怡安　译

机械工业出版社

CHINA MACHINE PRESS

Original Japanese title:

OMOSHIROI HODO YOKU WAKARU SHINRIGAKU NO HON

Copyright © 2009 Shozo Shibuya

Original Japanese edition published by Seito-sha Co., Ltd.

Simplified Chinese translation rights arranged with Seito-sha Co., Ltd.

through The English Agency (Japan) Ltd. And Shanghai To Asia Culture Co., Ltd.

插图——平井希和

设计——株式会社　志岐设计事务所（佐佐木容子　小宫祐子）

编辑——Peak-one 有限公司　小文出版株式会社

北京市版权局著作权合同登记号　图字：01-2020-1594

图书在版编目（CIP）数据

趣味通晓心理学 /（日）涉谷昌三著；李怡安译 . —北京：机械工业出版社，2022.6

ISBN 978-7-111-70731-8

Ⅰ . ①趣⋯　Ⅱ . ①涉⋯　②李⋯　Ⅲ . ①心理学 – 通俗读物
Ⅳ . ① B84-49

中国版本图书馆 CIP 数据核字（2022）第 078291 号

机械工业出版社（北京市百万庄大街 22 号　邮政编码 100037）

策划编辑：梁一鹏　刘　岚　　责任编辑：梁一鹏　刘　岚

责任校对：张亚楠　贾立萍　　封面设计：吕凤英

责任印制：常天培

北京机工印刷厂有限公司印刷

2022 年 9 月第 1 版第 1 次印刷

128mm×182mm ·9.75 印张 ·241 千字

标准书号：ISBN 978-7-111-70731-8

定价：79.80 元

电话服务　　　　　　　　网络服务

客服电话：010-88361066　机 工 官 网：www.cmpbook.com

　　　　　010-88379833　机 工 官 博：weibo.com/cmp1952

　　　　　010-68326294　金 书 网：www.golden-book.com

封底无防伪标均为盗版　　机工教育服务网：www.cmpedu.com

前　言

我们大多数人第一次接触心理学是在上大学的时候。但是，如果我们没有经过专业的心理学学习或考取相关专业的大学，而只是通过一些培训课程学习，那所学的知识也只会在不知不觉中忘记。

越来越多的年轻人在大学里接触到这方面的知识，激发了自己对心理学的兴趣，希望能进一步学习心理学知识。此外，人们在电视和杂志等传播媒介中也掀起了一股心理学热潮，各类可以取得心理咨询师资格的研讨会和培训学校的人气也越来越高。

为什么会掀起心理学热潮呢？这正是如今日本社会状况的不安定，人们内心对未来不明朗生活的焦躁感，以及对生活感到艰难的真实写照吧。烦恼于家人、朋友以及职场人际关系，连倾诉对象都没有的孤独感也是一个重要原因。或者，也有人试图通过玩游戏的感觉来了解他人和自己的内心吧。

不管怎样，心理学是一门"科学地阐明内心世界"的学问。通过学习心理学，我们可以理性地、客观地理解他人和自己的情绪。因此你可以从逻辑上客观地了解他人和自己内心的感受，而且在这个过程中可以重新找回自我，获得巨大的自信，也会给自己的明天带来活力。

本书将致力于心理学的探索，阐明先人的智慧，科学地解释20世纪、21世纪心理学家的学问，并引申到我们身边发生的事情中，让大家在享受乐趣的同时也能得到解答。如果这本书能引起你的好奇心就最好了。

涉谷昌三

目录

PART 1 何为心理学 11~64

心理学知识

心理学能改变人生吗？

心理学的现在与未来

PART 2 人际交往的心理学 65~90

PART 4　人们成长过程中的心理学　123~168

PART 5 组织中的人类行为 169~194

团体心理学

PART 6 失去健康生活的心理学 195~246

压力

心理疾病

心理疗法

PART 7 产生心理活动的脑系统 247~272

脑与心理活动

记忆

PART

1

何为心理学

从科学角度研究人的心理

1590 年德国哲学家**鲁道夫·戈克伦纽斯**（Goclenius Rodolphus，1572—1621）第一次将"心理学"（Psychology）这个词应用到自己的一篇论文中。正如心理（Psyche）与逻辑（Logos）这个词所表达的那样，心理学是一门研究人的心理活动规律的科学，其目的是科学地解释"心理的本质"。

人们有时会采取连自己也不太明白的行为，并感叹"为什么会做出那样的事呢"。这是我们**内心深处的一种不被意识到的心理活动（潜意识）**。心理学是通过科学实验、观察、面谈、病理学等各种观点的实证，以解开我们心中的谜团。

我们虽然不能直接看到内心活动，但是，我们可以借助心理学的智慧来感知心灵。因为人与事物相关，所以"心理"就会对所有事物起作用。因此，也可以说研究人的心理活动范围是非常广泛的，它就像数学和物理一样深奥，是一门具有挑战性的学科。

！必备知识点

◉ 亚里士多德的心理学

自古以来，哲学家和医学家就开始探索心理的奥秘。古希腊哲学家**亚里士多德**（公元前 384 年—公元前 322 年）把心看作是生命活动的原理，心理活动通过身体表现出来。他指出不只是人类，动物和植物也有心理活动。

亚里士多德留下了"精神才是研究意义最高的东西"这句名言，并在他的著作《灵魂论》中也论述了与现在心理学共通的主题。

另外，古希腊哲学家**柏拉图**（公元前 427 年—公元前 347 年）认为"心理活动是人类与生俱来的"，而亚里士多德认为心是"生物的原理""无法用任何文字表达"。

心理活动无处不在

　　人们的心理活动不只体现在行为上，它是无处不在的。心理学可以解释这种心理的活动方式和关联方式。

心理活动的例子

"今天中午想吃XX的
亲子盖饭。"
=需求

"去XX餐馆吧"
="想吃"是行为的动机

"啊，真好吃啊"
=获得满足

"什么? 卖完了! ? "
=需求得不到满足而产生的矛盾

"明天我再早点来吧"
=由此次经验学习到的

2 从行为举止推测 意中人内心的真实想法

心理活动或多或少地体现在身体和行为上。通过观察身体状态和行为，可以在某种程度上了解一个人**被隐藏的内心**。这就好比眉目传情一样，只要看到对方的眼睛，就能推测出他现在的心情是怎样的。

美国心理学家海斯做过这样一个实验。在给男性和女性分别看婴儿、怀抱婴儿的女性、男性裸体、女性裸体、风景等照片时，测量出被试者瞳孔的大小变化。结果表明，在给男性看女性裸体照片，以及给女性看怀抱婴儿的女性照片时，他们的瞳孔都有放大。海斯根据这个实验结果，得出了这样的结论：当人们感到兴趣和好感、兴奋时，瞳孔会放大。

另外，我们还能够从对方的举止和口头禅、口误中解读对方的心理。

当然，我们每个人都有**个体差异**，不像数学公式那样，无法推导出固定的答案。

❗ 必备知识点

◉ 失误行为

口误、听误、笔误、记错、一时想不起来等都被称为**失误行为**。虽然失误行为在日常生活中经常发生，但其背后隐藏着内心的真实想法。

比如，把应该说的"开会"说成了"散会"。

这是想说"开会"的心情和"不想开会"的真心碰撞到一起，结果自己的真实想法无法控制，才会说出这样的话。

内心的潜意识通过对意识的反复干涉，"听""看"这样的认知被妨碍，从而引起失误行为。失误行为背后所体现的思考方式被称为**心理决定论**，是精神分析学的基本思想。

窥探潜意识

　　虽然无法用眼睛看到心理活动，但从身体表现的各种动作中可以看出内心的真实想法。

| 视　线 | 表　情 | 口头禅 |

目光转向感兴趣的方向。

眉头一皱很不高兴。

经常说"果然"的人，好强不服输。

| 举　止 | 口　误 | 喜欢的颜色等 |

挠头表示不安、紧张、内心矛盾等。

真心话脱口而出。

红色是热情的象征，也表示破坏。

心理学从各种线索推理出内心的奥秘。

3 学会走出困境的应对方法

　　我们在一生中会遇到各种各样的考验，有时你会被这个或那个问题所困扰，心里也会变得不安。特别是在现代社会，别说工资不涨，还随时面临裁员，在这样的时代，我们每个人的**内心承受力**都在经受考验。

　　如果这时，我们能从心理学中学会客观地理解自己的心理活动，以及不慌张地应对意想不到事情，就能找出摆脱烦恼的对策。另外，在人际关系中，我们应该能正确理解对方的真正意图，同时也能看清自己应该做的事情。

　　但是，我们的行为是由不同层次的需求引起的。可以说，只有满足了需求，才能保持心理健康。在与环境妥协的同时，为了不让不安、焦躁的情绪，以及烦恼从内心涌现出来，我们在不知不觉中学会了满足需求的方法。实际上，在利用心理学解读心理的过程中，我们可以看到各种各样的临床结果和实验的解决方案。

　　例如，**斯托茨**的 **LEAD 法则**（▶下面）就是将克服逆境的四个心理技巧作为法则。另外，在体育心理学中，我们有很多关于克服压力的研究。除此之外，心理学告诉我们如何克服各种纷至沓来事件的智慧。

❗ 必备知识点

◉ LEAD 法则

　　这是美国组织沟通专家**保罗·G·斯托茨**提出的解决问题的思维方式。当难题出现在自己眼前时：

① Listen（倾听）；

② Explore（探究）；

③ Analyze（分析）；

④ Do（行动）

通过这四个步骤来解决问题，就可以避免或将损失控制到最小。该方法也被用作处理投诉。

◉ **自我监督**

（Self-Monitoring）

这是指通过记录每天的活动来检查他人是如何看待自己的，并根据需要来调节"自己的看法"。

一般来说，**自我监督**倾向强的人**善于人际交往**，相反不善于人际交往的人不在乎他人的感受，而是我行我素。

善于人际交往的人即使遇到困难，也能借助他人的力量，轻松克服困难。

身处困境时的应对方法

保罗·G·斯托茨认为 LEAD 法则可以作为当你身处困境时的应对策略。

1　Listen = 倾听

倾听自己内心的声音，找出问题所在，写出失落的内容。听取周围人的意见也很重要。

太失败了

2　Explore = 探究

冷静思考①中所遇到问题的解决方法，试着写在笔记本上。

3　Analyze = 分析

冷静地分析①的问题和②的解决方法，找出应对策略。

或许可以这样做！

4　Do = 行动

通过③的分析把自己应该采取的态度付诸行动。

我马上修改

↓

克服逆境

洞悉受欢迎、
被讨厌的原因

为什么我们会对人际关系感到痛苦呢？那是因为很多情况下，我们忘记了沟通的前提是**对方和自己是不同的人**。可以说，了解对方是解决人际关系问题的第一步。

无论是亲子之间，还是与上司或下属之间，甚至是恋人之间，解决人际关系的突破口都在于此。

心理学是一门教给我们如何解开纠缠不清的线，或如何将新的线系上的学问，有句话叫"建立关系"，说的就是这个意思。围绕婆媳间家庭纠纷的**家庭心理学**，情侣间亲密关系问题的**恋爱心理学**，职场中常见问题的**工业心理学、组织心理学、职业心理学**等都给了我们启示。

人际关系的根本是理解对方，**并获得他人理解的反复沟通**。有很多人因为深谙其道所以很受欢迎，而不懂得这个道理的人就被嫌弃。心理学让我们知道过往的行为有何不妥之处。

❗ 必备知识点

◉ 人际魅力

指对他人怀有的好感或厌恶情绪。决定**人际魅力**的因素有**邻近因素、形体魅力、相似性原则**（▶ P76）、**互补性原则、好感的回报性等**。

邻近因素是人们因为"离得近"而变得亲近。

形体魅力通常发生在双方刚见面时，还没有任何交流的情况下被对方的形体美所吸引，之后经过了解对对方的内在美所倾慕。

相似性是指双方价值观相似，有相同的经历。相反，彼此间具备自己没有的特性叫作互补性。

所谓好感的回报性就是由于他人对自己产生好感，所以也容易喜欢对方。

解开"喜欢""讨厌"的秘密

从心理学的角度来看，容易被人讨厌的人，大多会采取主动拒绝、远离他人的行为。

受欢迎　　　　　　　被讨厌

提升好感度的心理学法则		
熟悉性原则	对看的次数多的事物产生好感	→ P79
好感的回报性	人们喜欢对自己有好感的人	→ P18
午宴技巧	一起吃饭能增进交流	→ P192
邻近因素	相邻的人彼此间变得亲密	→ P18
相似性原则	兴趣和想法相似的人容易亲近	→ P18、76

懂得活出自我的重要性

世上没有让所有人都认可的生活方式。有人认为上班好，也有人认为自由职业好。站在对方的角度来说是幸福的生活方式，但对你来说未必如此。可以说，活出自我，就是找到了自己的幸福。

但是，活出自我却格外困难。这是因为内心是由我们所谓"自己心情"的**意识**和自己无法想象的**潜意识**两部分组成的。

我们从小时候起就被各种各样的价值观所包围。如果能在这种情况下找到适合自己的价值观当然是好的，而我们称之为"常识"和"教育"的知识也会强行加入自己的价值观里。其结果，就是把**"真正的自己""赤裸裸的自己"隐藏在内心深处**。

当然，根据状况的不同，有时最好不要展示真实的自己。如果想坚持自己的价值观就有可能与对方对立。这种时候如果我们能够理解瑞士心理学家**卡尔·古斯塔夫·荣格**（Carl Gustav Jung，
▶ P110）所说的**人格**，那我们便能游刃有余地行走于世间。

心理学不仅能把人类表面的部分发掘出来，还能把潜藏在内心深处的**深层心理**也发掘出来。它既能帮助我们发现自身价值观，还能让我们看清自己原来的性格。

心理学的特征可以说是帮助我们寻找真实的自己，并为我们指明前进的道路。

❗ 必备知识点

◉ Marginal Man

翻译为**边际人、边缘人、过渡人**等，是指虽然身处众多文化或群体中，却不具

备核心作用，脱离主流社会的人，比如成长中的年轻人、移民等。

因为处于不安定的状态，容易引起心理上的冲突。不过，正是因为处在边界才具备独特的视角和高度的想象力。与属于成熟社会文化的成年人相比，年轻人的头脑更柔和，更具有丰富的感受性。

✳ **Psychology Q & A**

Q：我在寻找养老院，在某个宣传册上看到写着"本院会把入住者的 QOL 放在首位"，请问这是什么意思？

A：QOL(Quality of Life 生命质量) 不仅指物质上的丰富，还包括精神上的富足，是一种综合性的生活品质。生命质量高不只表示硬件设施好，也代表了居住者们内心无法用金钱取代的满足度也高。

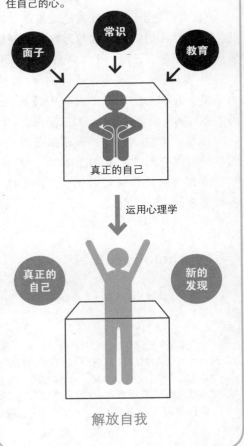

如何找到真正的自己

人们被强加于"常识"和"教育"的结果，会把真正的自己隐藏在内心深处，自己变得不了解自己。如果运用心理学的话，就能抓住自己的心。

常识

面子

教育

真正的自己

运用心理学

真正的自己

新的发现

解放自我

6 个性和个体差异的奇妙之处

当我们向同样的目标行动的时候，人们往往未必都采取同样的行动。

有的人可能会小心翼翼地绕着走，而有的人会一口气往前冲。**我们把这种人们的想法和行为存在着明显的差异**称为"**个性**"。尽管我们同样是人，但每个人各自都有不同的个性。

既然人和人之间存在不同的个性，那么懂得如何相互理解成为关键。在和对方交往的过程中理解彼此的个性和性格，能使人际关系好转，并把我们引向更美好的人生。

可是，个性的这种差异是从哪里产生的呢？其中之一就是我们自身的性格和成长环境的影响。

心理学就是将目光聚焦于人们的潜在部分，研究塑造个性的各种要素。

Psychology Q & A

Q：我工作的地方女性居多，我和她们聊不到一起。是因为男女之间的交流方式不同吗？

A：因为男女之间有性别差异，所以说话方式自然不同。女性在交流的时候，以表达自己的心情为目的，这被称为"**自我完结型沟通**"。

而以男性为中心的商业社会，沟通成为达到某个目标的手段和工具，我们称之为"**工具型沟通**"。在职场中，男性和女性之所以难以相互理解是因为交流方式的不同。倘若能懂得这个差异的话，男女之间的交流也会变得更加容易吧。

为什么有的人开朗，有的人忧郁？

原本就不存在"开朗的人"或"忧郁的人"，只是他们的心理问题会通过"开朗的人"和"忧郁的人"等表现出来。

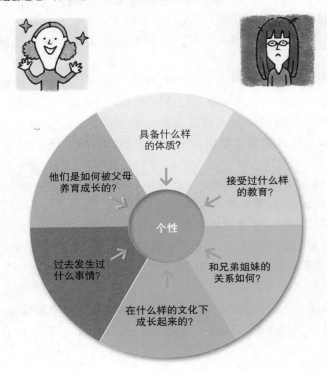

- 具备什么样的体质？
- 他们是如何被父母养育成长的？
- 接受过什么样的教育？
- 个性
- 过去发生过什么事情？
- 和兄弟姐妹的关系如何？
- 在什么样的文化下成长起来的？

运用心理学知识，掌握对方的性格和个性，并应用到人际关系中，能帮助我们构筑幸福的人生。

网络社会对心理的影响

　　2006 年日本总务省进行的社会生活基本调查显示，**日本的网络使用者达到了 6950 万人**，仅年轻人大约就有 9 成在使用互联网。随着信息技术的发展，我们的人际关系也发生了很大的变化。

　　我们通过互联网不需要和对方见面就可以**匿名交换彼此的信息**，自己所在的地方也不容易被确定。这就容易造成社会规则的破坏，暴露出每个人内心深处的欲望。比如，**学校地下网站**（▶ P73）等**匿名公告栏出现**的诽谤中伤，引起了社会性的问题。婚恋网站的受害人以年轻人居多，人数逐年增加。在互联网时代继那些恶意的留言、吐槽之后，在博客或帖吧上出现的语言暴力，个人信息的泄露等事件也相继出现。

　　美国心理学家**米尔格拉姆**（▶ 下面）列举了现代人的四个特征，这可以说是互联网社会人的特征吧。"想在短时间内处理信息""无视不重要的信息""推卸责任""避免与他人接触"。

　　社会上常见的心理问题有，一天到晚不上网就心神不宁的**网络依赖症**，不检查手机信息就坐立不安的**来电记录恐惧症**等问题。心理学以这些问题为基础，探究人们应该如何在互联网社会与人交往。

♥ 心理学巨匠

◉ 斯坦利·米尔格拉姆（Stanley Milgram，1933—1984）

　　美国心理学家，以"对权威的服从"为主题进行研究，在查明相关事件的基础上，实施了**艾希曼实验**。这个实验告诉我们，人们有时会屈服于比自己更有权力的人，根据状况不同，做出反道德的事情。

他还以都市生活为背景，围绕**熟悉的陌生人**（Familiar Stranger，彼此见过面，但从未打过招呼也没说过话► P78）、电视的影响、都市生活的影响等为主题研究人们的心理活动。

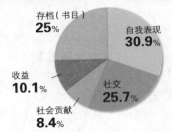

Psychology Q & A

Q：我在交友网站上交了朋友，为什么我们总吵架呢？

A：因为我们无法确认从交友网站上获得的信息是否真实，所以就会导致片面的**妄想性认知**（► P205）。只要对方写一些"好喜欢你啊"的话语，我们就容易对对方产生**好感的回报性**（► P18）。

从数据中看出人与互联网的关系

现代社会大约9成的年轻人都在使用互联网，人际关系的方式也随之发生了很大的变化。

开通博客的目的

- 存档（书目）**25**%
- 自我表现 **30.9**%
- 收益 **10.1**%
- 社交 **25.7**%
- 社会贡献 **8.4**%

- 自我表现（30.9%）：10~20岁年轻人士居多
- 社交（25.7%）：讨论"育儿"话题的妈妈们居多
- 社会贡献（8.4%）：40岁以上的人士居多
- 收益（10.1%）：10几岁、40几岁人士居多
- 存档（25%）：30岁、60岁以上的人士居多

交友网站的相关事件

日本2008年逮捕事件：1592件
被害者人数：852人（其中儿童724人）

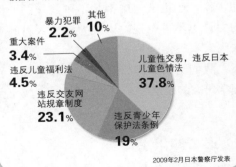

- 暴力犯罪 **2.2**%
- 其他 **10**%
- 重大案件 **3.4**%
- 违反儿童福利法 **4.5**%
- 儿童性交易，违反日本儿童色情法 **37.8**%
- 违反交友网站规章制度 **23.1**%
- 违反青少年保护法条例 **19**%

2009年2月日本警察厅发表

⊖ 原书统计存在 0.1% 误差。——编者注

8 有效处理工作和学习的诀窍

在职场中，如果我们每天都不提高的话就无法渡过难关。然而很多人都很忙，根本没有时间学习。如果借助心理学，我们会发现高效的学习方法。当然，这也能应用到学校的学习中。

学习本来就是心理学的一大课题。心理学界有关学习的研究，自 19 世纪德国心理学家**艾宾浩斯**（▶右面）开始以来，已经持续了将近 130 年。

无论是**记忆**，还是思考和构思，只要了解了心理的作用，就能事半功倍。相反，如果在不了解心理活动前提下直接做的话，就只能是徒劳无功。

美国管理学家**彼得·德鲁克**（Peter F. Drucker，1909—2005）认为当今时代就是**知识劳动**的时代。也就是说，工作的代价不只是体现在所花费的时间，还包括你所运用的知识与智慧。换句话说，工作的效率取决于有效时间内取得的成果。

另外，我们人与人之间建立信任关系的**人际关系能力**无论是在工作，还是学习中都是不可或缺的。虽说是能力至上，但人脉的力量也不可忽视。说服力和谈判力的来源是心理学发现的心理法则。

我们借由心理学开发自己的能力，就会拥有更好的人生。心理学研究的是解决人类所遇到的所有状况的科学。

❗ 必备知识点

◉ Readiness（准备状态）

我们在学习某件事时，需要良好的身体、精神机能。我们将这种处于能够学习的状态称为**"准备状态"**。例如规定小学生在学习了加法、减法之后再学习乘法、除法，这就是基于准备状态的想法。

认为开始学习的时期应该在准备状态之后进行的想法被称为**"成熟优势说"**。相反，支持早期学习的人们认为，如果给予孩子良好的环境和经验，准备状态就会提前，则采取**"学习优势说"**。

♥ 心理学巨匠

◉ Hermann Ebbinghaus（赫尔曼·艾宾浩斯，1850—1909）

德国心理学家，他把自己作为实验对象进行了记忆相关的研究。

通过联想记忆设计了不因个体差异而导致实验结果变动的学习素材——**无意义词缀**，即人类的记忆内容会随着时间的推移而被遗忘。他最有名的发现就是**"艾宾浩斯遗忘曲线"**。

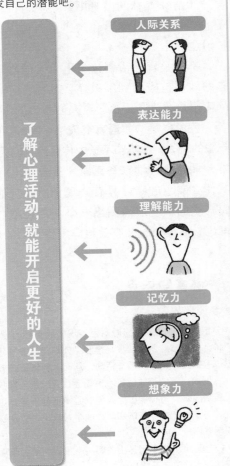

心理学是成功的关键

如何拥有更好的人生，让我们用心理学开发自己的潜能吧。

了解心理活动，就能开启更好的人生

- 人际关系
- 表达能力
- 理解能力
- 记忆力
- 想象力

色彩对心理的影响

沐浴在森林的阳光下，心灵可以得到解放。呼吸着充满负离子的空气，被自然柔和的声音所包围，围绕在绿树间，无疑是一种治愈。

不仅是森林浴，色彩也对人的心理产生各种各样的影响。色彩的效果被应用到了医疗、教育、时尚等各个领域，其在心理学的应用是通过分析色彩对人们心理的影响，并找出应用的规律。

色彩也是"**非语言交流（ ▶ P66）**"的一种。对方穿什么颜色的衣服的行为，在不知不觉中传达给我们无形的信息。

瑞士心理学家**马克斯·吕舍尔**（Max Luscher）认为，人们喜欢什么颜色的嗜好具有心理学意义。他的一项研究报告显示，人们喜欢的颜色能**透露出一个人的性格**。我们通过心理学知识，懂得色彩的奥秘，并有效地应用到我们的生活中。

❗ 必备知识点

◉ 色彩调节

色彩调节就是人们对颜色表现出的各种心理反应，基于这样的心理反应，人们将色彩调节应用到居住环境和工作环境等各种环境色彩设计中，将色彩进行更舒适、有效的、安全的调节活动，从而达到**色彩调节**的目的。

例如，蓝色和绿色等冷色调会让人感到沉稳和凉爽，红色和橙色等暖色调能让人感到温暖，为了能够让人们的心情平静下来，这样的色彩调节被应用到了很多地方。为了提高在补习班和学校的学习效率，以及职场中的业务能力，人们便把室内的墙壁刷成了中性色。

色彩调节这个词是由美国的一家涂料公司想通过色彩设计来努力提高员工的积极性、生产效率而提出的。

性格能体现在喜欢的颜色上?

心理学家吕舍尔认为,人们的心理会投射在对颜色的喜好上。

红色	热情、积极、有主见。	**粉色**	重感情,爱照顾人,容易受伤。
橘色	性格开朗,但嫉妒心强,善于交际,很受欢迎。	**黄色**	精力旺盛,好奇心强,是个野心家。
绿色	理想、和平主义者,也是现实主义者。	**蓝色**	知性、冷静、感性、自立。
紫色	高贵、神秘、富有感情的色彩。	**棕色**	有协调性、责任感,内心安稳。
黑色	顽固、自尊心强,喜欢孤独。	**白色**	洁癖、认真、理想主义者。

10 当代年轻人的心理现状

　　每年，一到新员工入职的时候，我们就会听到这样的声音："真不知道现在的年轻人在想什么。"我们曾经也是年轻人，但由于**代沟**和成长环境的不同，在对待他们的问题上也有很多烦恼。

　　如果是中层管理者，也需要对这样的年轻人进行指导。另外，作为上高中孩子的父母来说，就要面对处于**叛逆期**的孩子。因此，懂得"年轻人心理"可以说对我们的人生有很大的影响。

　　这个时期，他们的内心开始出现"**心理上的断奶（ ▶ P140 ）**"。脱离父母的庇护，自己决定事情，想要自己行动的需求变得更加强烈。因为他们的纯真，**还不善于认同现实社会的矛盾**，所以对现实持否定态度的情况越来越多。如果他们能脱离父母并独立，无论是在社会上还是经济上都能自立的话，那么这个状态就会消失，但是在那之前，他们会变得**精神状态极不平衡**。

　　他们深夜聚集在便利店前，或者在大街上骚动徘徊，就是这种现象的体现。他们想要表达自我却不知道该如何表达，其结果就是加入到某个团体中找到自己的归宿。

　　发展心理学是对每个发展阶段的心理、性格特征进行研究的学问。通过学习发展心理学，我们能够理解我们曾经无法理解的下属的真实想法，以及不听话的孩子的内心活动。

❗ 必备知识点

◉ 糖社员

　　指那些对自己宽容，社会意识淡薄以及缺乏自立心的年轻人，这些人被称为糖社员。这个词是由日本社会保险劳务士**田北百树子**提出的。糖社员具体有以下几种类型：

一有什么事父母就会马上飞过来的**"直升机父母"**（Helicopter Parents）**依赖型**；把私生活的焦躁情绪带到公司的**"私生活拖累型"**；工作一增加就引起恐慌的**"单一能力型"**；自我评价过高，即使被批评了也会把责任转嫁给他人"我做得很好，不好的是××"的**"自我尊重型"**；抗压能力弱，一遇到问题就退缩，认为"这个不适合我"而辞职或退学的**"逃跑型"**等。

新日本不同时期职员类型一览表

年轻人，刚步入社会的时候，会有各种各样的通称。

年　份	称　号
1989年	液晶电视型
1990年	轮胎链条型
1991年	衬衫型套票
1992年	条形码型
1993年	牛杂火锅型
1994年	净水器型
1995年	四格漫画型
1996年	地暖型
1997年	沐浴液型
1998年	再生纸型
1999年	形态稳定衬衫型
2000年	营养滋补品型
2001年	木糖醇口香糖型
2002年	抱枕型
2003年	带摄像头的手机型
2004年	网上拍卖型
2005年	发光二极管型
2006年	博客型
2007年	每日交易员型
2008年	冰壶型

日本现代交流中心株式会社（截至2002年），日本财团法人社会经济生产性本部（2003年以后）

重新审视中年之后的生活方式

我们都说**中年**是人生的转折点，那是因为这个时期会有各种各样的变化。随着我们步入中年期，体力和精力逐渐衰竭，很难再像年轻时那样活动。我们的心里也会萌生不再年轻的意识，对衰老和死亡感到不安，就好像在数着日子生活一样。

在日本承诺终身雇佣制的社会，随着经济的低迷，我们逐渐变得无法保障退休后安定的生活。即使在工作中也能看到自己职业生涯的终点，有的人因为思考"这真是自己想要的人生吗"，而陷入烦恼，孩子长大成人，母亲想要探索自己新的人生也是发生在这个时期。再比如**照顾父母，更年期综合征等**，也会产生新的问题。

内心因为这样的变化而产生冲突，从而导致精神上的危机状态。如何克服**中年危机**这个时期，需要我们重新审视自己的人生，建立新的自我。

瑞士心理学家**荣格**（▶P110）非常重视中年之后的人生。他认为人们要过上幸福的人生就要将意识上的**自我**和潜意识下的**本我**统一起来。他把这个过程叫作**个性化**，也就是**自我成长**。

中年期的问题也可以看作是发现另一个自己，并由此迈向新的人生，谋求**自我实现**的契机。心理学在这个过程中发挥了促进作用，并找到了解决之道。

❗ 必备知识点

◉ 创造之病

瑞士精神科医生**亨利·艾伦伯格**（Henri Ellenberger）发现取得天才般创造性

成就的人，在中年期经历了严重的神经症状之后，才能真正发挥出伟大的创造力，并称之为**创造之病**。

实际上，**弗洛伊德**（▶P98）长年受到神经症的困扰，荣格也在中年期之后因为与弗洛伊德断绝关系，内心受到了巨大的打击，经历了内心几乎处于崩溃的危机。最终弗洛伊德创立了**精神分析学**，荣格也将自己的心理学进一步深化后形成了自己的体系将其发展。

◉ 人生的午后

这是荣格的名言。阳光和影子的方向从正午开始发生变化，因此以正午为界将人生分为前半部分和后半部分，40岁称为**人生的正午**，40岁后的中年期称为**人生的午后**。与**青春期**（▶P142）相反，这个时期称为**思秋期**，我们从关注人际关系等外在世界，将目光转移到更关心内在的自我。

由于现在比当时荣格活跃的20世纪前半叶人类的平均寿命升高了，所以现在的正午是45~50岁。

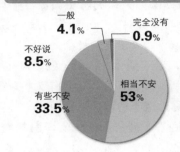

人到中年产生的各种不安

针对35~59岁的1084名男女调查"如何度过我的老年生活"，调查结果如下。

对老年生活感到不安？

- 一般 **4.1**%
- 完全没有 **0.9**%
- 不好说 **8.5**%
- 相当不安 **53**%
- 有些不安 **33.5**%

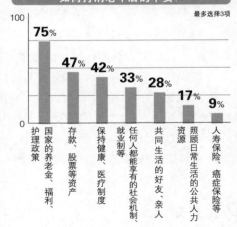

如何打消老年后的不安？

最多选择3项

- 护理政策 **75**%
- 国家的养老金、福利、存款、股票等资产 **47**%
- 保持健康、医疗制度 **42**%
- 就业制等 **33**%
- 任何人都能享有的社会机制 **28**%
- 共同生活的好友、亲人 **17**%
- 照顾日常生活的公共人力资源 **9**%
- 人寿保险、癌症保险等

（接下来的顺序）提供适当建议的生活顾问6%，土地、不动产5%，其他0.6%

日刊工业新闻网络研究（2006年）

2 如何幸福地度过少子老龄化时代

　　日本政府在 2007 年进行的一项调查显示，65 岁以上的**老龄人口**达到了 2746 万人，**创历史新高**。**平均寿命**也在这 50 年里增加了 15 岁。与此同时，由于新生儿出生数量的持续减少，日本也迎来了前所未有的少子老龄社会。

　　那么，**老年期**（▶右面）的时间也大大延长了。自古以来哲学界就提到了衰老，心理学也作为科学开始了对衰老的实证研究，这就是被称为**老年心理学**的领域。

　　老年心理学研究的是随着**年龄的增长**，智力是否会下降，工作能力、思考能力、感知力是否会和以前相比有变化。另外，研究护理者和被护者双方的心理活动也是主要课题之一。

　　从某种意义上来讲，相关的**福利心理学**发挥的作用也很重要。衰老不只是指余生，而是指完整的一生。为了让人生幸福，有意义地度过，心理学为我们提供了**少子老龄社会**幸福生活的智慧。

　　即便现代社会是一个非常便利的时代，但在效率优先的热潮中，上班族也好，儿童或老年人也好，社会也有其不好的一面。**环境心理学**研究的是什么样的环境能让我们幸福地生活。由此可见，现在的社会对于孩子和老人来说未必是受欢迎的，心理学也被应用在解决这些问题上。

❶ 必备知识点

◉ Self Care（自我照顾）

　　随着日本迅速地进入老龄社会，国民的医疗费用负担也在不断地增加。另外，环境荷尔蒙和食品添加剂等问题，对我们的健康造成越来越大的影响，今后自我维持健康（即自我照顾）将成为每位国民的课题。

上了年纪依然装扮漂亮，从保持心理健康的角度来说也可以说是"**自我照顾**"。

⊙ **老年期**

一般指 65 岁之后为**老年期**。

美国的教育学家**罗伯特·哈维格斯特**（Robert Havighurst，1900—1991）把在各个发展阶段所具备的社会能力称为**发展课题**。

他列举了以下七个方面**老年期的发展课题**的内容：（1）如何应对退休和收入的变化；（2）学习退休后如何与配偶一起生活；（3）如何与老伙伴和谐相处；（4）如何适应身体的变化；（5）创造满意的生活环境；（6）承担社会责任；（7）如何适应配偶的死亡。积极调整自己的改变，快乐地生活才是幸福的秘诀。

进入前所未有的少子老龄化社会

日本的平均寿命在过去的 50 年间提高了 15 岁之多。老年期延长涉及生活的方方面面。

平均寿命		
1955年	男 **63.6**岁	女 **67.75**岁
2005年	男 **78.56**岁	女 **85.52**岁

日本厚生劳动省《完全生命表》（截至2005年）
日本国立社会保障、人口问题研究所（2005年以后）

◎2005 年日本人的出生人口数量和合计特殊出生率刷新了历史最低纪录。

出生人口数量		
1955年	**173** 万 **692** 人	
2005年	**106** 万 **2530** 人	↓**39**%

合计特殊出生率（每个女人一生所生的孩子数量）		
1955年	**2.37**%（约 **2** 人）	
2005年	**1.26**%（约 **1** 人）	↓**47**%

出处：2008年版日本少子化社会白皮书

少子化势不可挡。

探索人类无限的可能性

有史以来，人类创造了语言、历史、文化、技术等所有领域的知识。心理学是一门思考由此所产生的**所有东西与心理关系的学问**。现代心理学涉及各个学科，并不断地向社会推出新的心理法则。

心理学大致分为**基础心理学**和**应用心理学**。基础心理学是研究心理学的基础法则。应用心理学是将这些基础法则应用到各种各样的学问中。

最近，尤其是随着应用心理学的**专业化、细分化**的不断发展，**无论文科还是理科**都开始**与心理学接轨**，并由此诞生新的心理学。以此研究为基础，心理学的知识被广泛应用到学校心理辅导、残疾人福利、老年问题、青少年问题、市场营销、商品开发、灾害时的心理危机干预等各个领域。

随着科学技术的进步和社会形势的变化，我们的内心就会产生该如何面对这些变化的问题，由此心理学的研究领域也再次扩大了。

Psychology Q & A

Q：为了研究人的心理活动，听说以前是在人的大脑内埋入电极，那么现在是如何进行实验的呢？

A：心理学是研究心理机制的科学，既然是实证研究的学问，那么实验是不可缺少的。然而，要想在心中开刀，就得等待科学技术的发展，过去也有过这样的实验。

但是现在随着计算机技术的进步，使用 **X 射线 CT（电子计算机断层扫描）**和 **MRI（磁共振成像）**，不需要在脑内植入电极或麻醉等，就可以测量脑电波。也就是说，我们可以从外部客观地观察心理活动。这被称为**脑功能成像**，这对于如今的心理学研究来说是不可或缺的。

专业化、细分化的
心理学

　　随着与从文科到理科各个学科间的融合，心理学的应用不断地出现在新的领域。

基础心理学：

● 研究心理学的基本规律
● 聚焦人类群体
● 研究方法以实验为主

- 社会心理学
- 知觉心理学
- 发展心理学
  （婴幼儿心理学
  →儿童心理学
  →青年心理学
  →老年心理学）
- 认知心理学
  （思维心理学）
- 学习心理学
  （行为分析）
- 人格心理学

- 变态心理学
- 语言心理学
- 计量心理学
- 数理心理学
- 生态心理学
  等

A、B心理上的差异是？

应用心理学：

● 运用基础心理学的规律和知识解决实际问题
● 把焦点放在人们个体上

- 临床心理学
  （心理咨询等）
- 教育心理学
- 学校心理学
- 工业心理学
  （组织心理学）
- 犯罪心理学
- 法庭心理学
- 沟通心理学
- 家庭心理学
- 灾难心理学
- 环境心理学
- 交通心理学
- 体育心理学
- 健康心理学
- 性心理学
- 艺术心理学

- 宗教心理学
- 历史心理学
- 政治心理学
- 经济心理学
- 军事心理学
- 民族心理学
- 空间心理学
  等

治疗心理冲突的临床心理学

我们的心理并不总是健康的，有时会失去平衡，受到很大的伤害。此时，为了改善症状而进行治疗应用的就是**临床心理学**。

据说临床心理学是由美国心理学家**莱特纳·威特默** (Lightner Witmer，1867—1956) 在宾夕法尼亚大学开设心理诊所时提出的（临床心理学这个词也是他初次使用）。

临床心理学致力于解决**进食障碍、身心症、不良行为、逃学、蛰居、虐待、暴力、抑郁、歇斯底里、感统失调症、依赖症**等（► P202~P235）与心理相关的问题。帮助患者解决这些问题的是心理专家、**临床心理师**。而在日本取得这个资格证书，需要在研究生院学习临床心理学。近年来心理学很受欢迎，应考者在不断增加。

然而，即使是治疗心理问题，临床心理学家也**不能使用药物**。因此，要仔细地观察**来访者**（患者），分析其症状和病情，对其进行适当的心理治疗。

最重要的是，详细了解患者并在了解患者情况的过程中，即在心理检查和面询时，收集患者的家庭状况和成长环境等能调查到的信息，在我们的脑海中形象生动地形成患者的人格画像，由此采取相应的治疗。在日本以往采用的是**个体疗法**，但近年来，通过与来访者进行交流，努力消除其烦恼等，采用了各种各样的方法。

 Psychology

Q：**精神科医生**和临床心理师的区别是什么？

A：一言以蔽之，治疗时可以用药的是**精神科医生**，使用心理咨询等**心理疗法**，旨在恢复心理健康的是**临床心理师**。日本的医疗法规定，医生之外的人员不能开处方药。

另外，精神科医生的工作是发现不好的地方并医治好它，而临床心理师的工作是帮助有问题的人克服它。临床心理师主要做**心理测试**和心理咨询，精神科医生也可以这么做。

但是由于精神科医生的患者有很多，所以造成他们不能给一个患者太多的时间。因此，需要精神科医生和临床心理师合作，共同进行治疗。

临床心理学中常用的沙盘疗法

这是心理学家河合隼雄引入日本的一种艺术疗法。常用于医院、学校等心理咨询室，以及一般的心理治疗室、少年看守所等场合。

沙盘疗法

交通工具

动物

家具

在治疗师（治疗专家）的注视下，来访者在沙盘中自由地放入人偶、建筑物、装饰物等迷你玩具。

进行心理调节

○这种疗法适用于以下这些人：感到烦恼和困惑、感到郁郁寡欢、有时候想不开、以及越来越不了解自己感到迷茫的人。

解析犯罪行为和社会病理现象的犯罪心理学

犯罪心理学是一门研究犯罪和人类心理的学科。研究的目的主要有以下三点：（1）解析人们为什么会有**违法行为**；（2）分析犯罪行为中目击者证言的可信度；（3）如何让刑满释放人员顺利地**回归社会**。

犯罪心理学主要根据通过对罪犯的**当面调查**，并运用心理学知识思考那个人为什么会犯罪，他的成长经历是怎样的，站在犯罪者的角度来思考他的行为背后有怎样的意义等。

当发生一起凶杀案或不明真相的案件时，我们会认为"犯人是不是心理不正常"。然而正因为犯罪心理学认为**罪犯和常人之间没有明显的区别**，所以，研究"为什么人会犯罪"才显得尤为重要。

心理学知识也被应用到实际犯罪调查中。例如在解救人质的作战中，有专门负责和犯人交涉的交涉人（Negotiator）。将心理学、**行为科学**、**犯罪学**知识与话术，应用到收集犯人的精神状态和现场状况等信息中，来和平解决事件。另外，在犯罪调查的过程中通过科学的方法分析罪犯行为，并推理出罪犯的特征，称为**犯罪心理画像**（▶下面）。

❗ 必备知识点

◉ 犯罪心理画像

根据犯罪现场遗留的各种数据，推测犯人的特征并进行搜查的手法。**犯罪心理画像**不仅应用了**犯罪心理学**的知识，还应用人类学等在内的行为科学。

这个技术原本是 FBI 开发的，现在被称为**利物浦方式**的犯罪心理画像成为主流。FBI 方式是对犯人的行为进行分类，以数据为基础制作犯人画像，而利物浦方式则运用了统计学。这些被统称为**罪犯画像**。

另外，确定犯人的藏身之处，然后确定犯人可能行凶的地点等都是**地理画像**的工作。

◉ 审判心理学

审判心理学处理与审判有关的所有心理问题，如目击者和自我辩护证词的可信性、做出判决的法官的心理、受害者和被告的特征对判决的影响、陪审员的选择等。陪审员制度也由此诞生，成为备受关注的领域。

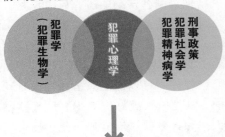

何为犯罪心理学

这是应用心理学的一个分支，它的目的是在阐明罪犯特性和环境因素的同时，对犯罪预防、犯罪调查和罪犯纠正有所帮助。

犯罪学（犯罪生物学）　犯罪心理学　刑事政策　犯罪社会学　犯罪精神病学

犯罪心理学的研究对象

❶ 人为什么会犯罪？
❷ 罪犯和没有犯罪的人之间是否存在心理学特性上的差异？
❸ 受到有罪判决之后，我们该如何对待他们呢？

解析精神控制和洗脑的社会心理学

社会心理学认为人的行为是**来自他人的刺激和反应的结果**。有关**精神控制**和**洗脑**的研究可以说是社会心理学擅长的课题。除此之外，社会心理学还研究从社会层面到个人层面的行为规律，比如，**流行**是如何形成的；团体的形成过程是怎样的；为什么既有乐于助人的爱心人士，也有极度自私的人。

精神控制可以说是在指挥他人行动的方法中，最恶劣且最巧妙的方法之一。就好像奥姆真理教这种**破坏性的邪教**（破坏信徒的人格和人生观、价值观、社会观念的宗教）巧妙地运用精神控制，在他人没有意识的情况下破坏他们的**认同感**（▶P146），改变他们的人格。通过**操纵他人的需求、监控信息**等来支配他们的行为。所以那些被迫受到精神控制的人，有时会做出不符合常识的犯罪行为。实施恶意的商业违规操作导致大量资金不翼而飞也可以说是精神控制的一种。

人们经常将精神控制与洗脑混淆。**洗脑**（▶下面）是在**物理强制力**作用下，将**人的身体置于束缚的状态**，而改变其行为的做法。社会心理学也将这种心理机制作为研究的课题。

❓ 详细解析

◉ 洗脑的三个步骤

美国心理学家**埃德加·薛恩**（Edgar Schein，1928—）把洗脑的过程划分为三个阶段。

（1）**解冻**——通过长时间的审问、单人牢房的监禁、使其处于睡眠不足的状态，彻底击垮这个人之前惯有的价值观和认同感。

（2）**变革**——由于攻击，其价值观受到了破坏，失去理智的心灵为寻找归宿，接受新的价值观。让新的价值观在解冻阶段铭刻在脑海里。

（3）**再冻结**——在（2）的变革中接受新价值观的人，会试图将其新的价值观与旧有的价值观连接起来。在这种情况下，周围人强烈地灌输其新的价值观，这种价值观就会被铭记，由此完成了洗脑。

精神控制的四个方法

恶劣的精神控制会使人丧失运用批判力和判断力的技巧，从而导致人丧失行动上的自由意识。

1　行为的控制

指挥细致的行为。甚至还会指挥交往对象、睡觉时间等。然而本人却感到是自己自发的行为。

2　思想的控制

彻底的灌输，让人无法对其教导产生任何疑问。

3　感情的控制

好的组织机构会让人感到内心平和，但破坏性的邪教则以恐惧不安的情绪为主对方进行控制。

4　信息的控制

禁止对组织的批判性信息。同时禁止媒体等第三方相关的文件信息。

坚决杜绝胁迫、欺诈等犯罪行为

研究人生每个成长阶段的发展心理学

我们的心理和身体是经过漫长的时间发展而成的，研究这个**发展过程**的机制就是**发展心理学**。

促进我们发展的究竟是遗传，还是经验呢？婴儿为什么会认生？儿童为什么会有叛逆期？为什么很多人的中年期，会成为他们的第二人生呢？因为这个研究课题贯穿我们一生，所以发展心理学在心理学中占有很重要的地位。

发展心理学在很久以前就**以儿童期和青年期为主要研究对象**。最初是由美国的心理学家**斯坦利·霍尔**（Granville Stanley Hall，1844—1924）以儿童心理学为中心建立起来的。然而，随着老龄社会的深入，人们对发展心理学进行了重新审视，现在普遍将人们自出生到死亡作为一个框架（终身发展）进行研究。同时这也是一门解开"成长之谜"的学科。

发展心理学具有代表性的理论有瑞士心理学家**让·皮亚杰**的**认知发展理论**（▶P130）、美国心理学家**爱利克·埃里克森**（1902—1994）的**心理社会发展理论**（▶下面）。

❗ 必备知识点

◉ 埃里克森的社会心理发展理论

埃里克森将人生分成八个发展阶段，每个阶段个人都有其自身的发展课题。

① **婴儿期 获得基本信任感**：和母亲形成信赖关系。
② **幼儿期前期 获得自主感**：学会大小便，学会自律。
③ **幼儿期后期 形成主动性**：在欲望和周围的规律之间达成妥协。
④ **学龄期 获得勤奋感**：通过学习切实感受获得能力的体验。
⑤ **青年期 自我同性的确立**：树立自我。
⑥ **成年早期 获得亲密感**：与异性在恋爱中建立关系获得亲密感。
⑦ **成年期 获得繁衍**：关注生育后代。
⑧ **成熟期 获得统合性（自我调整）**：接受衰老和死亡，度过余生。

发展心理学的研究范围

　　发展心理学自心理学家霍尔创立儿童心理学开始，致力于研究人们各个年龄段的发展机制。

婴幼儿心理学

以婴幼儿期为研究对象，也常被归为儿童心理学的范畴。

儿童心理学

从婴幼儿期到学龄期，与自我意识发展有关的研究。

青年心理学

从12岁到22岁，人格形成过程中发生重大变化的时期。

老年心理学

随着老年人口的增加，老年心理学的发展越发重要。

发展心理学的代表理论

认知发展理论	皮亚杰	我们的认知系统是与生俱来的，个体自出生后对事物的认知随着不同阶段的发展而变化。
心理社会发展理论	埃里克森	从生命周期的观点来看，我们将人生划分为8个发展阶段，每个阶段都有值得注意的社会心理危机。

随着计算机的发展应运而生的认知心理学

认知心理学（▶ P252）就是我们在接受新鲜事物，回忆过去的信息或解决眼前所发生的问题过程中，弄清这些信息认知背后的心理过程。

由于我们的认知结构不只是依靠"听、说、看、记忆"这些外部的客观观察就能完成的，认知心理学帮助我们运用**信息处理系统**，了解我们的内心所想，并探究其内部机制和过程。

计算机通过以下三个过程来处理信息：①输入信息；②在硬盘上记录；③必要时搜索并打开文件和程序。由此得出结论，为了处理和应用信息，需要**输入、存储、检索**这三个步骤。

认知心理学的诞生与计算机的诞生是同一时期。心理学受到当时学科的很大影响并得到发展，而认知心理学可以说是计算机和**信息理论**所创造的 **20 世纪新学科**。

由于认知心理学与**脑科学、信息科学、语言学、人类学、神经科学**等各种学科相结合，产生了**认知科学**这一新的学科，即使在现在的学科中也是一门占有重要地位的心理学。

顺便说一下，认知科学是从信息处理的角度来理解人的智力活动的研究领域，比如**人工智能**等。心理学与人工智能、语言学、神经科学、人类文化学等学科的结合也是必要的。

❗ 必备知识点

◉ 图式（Schema）

图式是指即使眼前的信息不够完整，也能通过运用相关的知识框架进行推测与认知，建立各种预测的知识**模块（Module）**。

例如，即使是没去过的餐厅，我们也能吃上一顿不算完美的饭，这是因为我们具备在餐厅如何点菜，如何安排吃好这顿饭的图式。

图式是指在现实生活中，我们对事物有怎样的认知，换句话说，就是我们如何将看到的、听到的知识应用到生活中，并从理论上加以阐述而形成的概念。

"认知过程" 的机制

认知心理学将认知事物的心理过程视为信息处理系统，如下所示。

	计算机	认知心理学
① 输入	输入信息	把看到的、听到的、摸到的、闻到的、尝到的等感觉信息记在心里。
② 存储	在硬盘上记录	我们与计算机相比，具备处理更广泛、更复杂的信息，并形成认知的能力。
③ 检索（输出）	必要时搜索并打开文件和程序	我们的内心对接收到的感觉信息进行判断，并向外界做出反应和决定。

◎受到计算机相关知识的影响，认知心理学将信息处理的机制作为模型，套用到人类的认知过程，试图去解释它。

解决运动员烦恼的体育心理学

体育心理学主要围绕人们如何提高运动能力，性格对运动员有怎样的影响，为什么人们热衷于观看体育比赛等问题进行研究。体育心理学从各个角度研究运动员、观看体育赛事的人，以及从事体育相关工作的人们的心理。1964 年日本东京奥运会召开之际，体育心理学作为选手强化对策的一环被引入，并为以后的发展奠定了基础。

可以说体育心理学的核心课题就是**心理训练**。明明在训练中可以取得很好的成绩，但一到正式比赛就发挥不出应有的实力。心理训练就是为了改善这种状况，强化提高竞技能力的心理技能，**以最大限度地发挥竞技者的潜在能力**为目标。

因此体育心理学可以应用到控制人们的压力和紧张、强化集中注意力、意象训练、提高运动员的干劲和目标达成能力、强化团队合作等方面的沟通技巧。

另外，也会采用**体育咨询**的方法。体育咨询不是直接指出选手所存在的问题并解决，而是通过面对面找出选手所存在问题的背景，引导运动员发现并自己找到解决问题的方法。

体育心理学也可以说是将**认知行为疗法**（▶ P240）和**临床疗法**（▶ P38）结合并给予运动员心理支持的方法。

❗ 必备知识点

◉ 巅峰体验（Peak Performance）

是指不仅局限于体育方面，而是对当事人来说取得了他前所未有的好成绩。美国心理学家**查尔斯·加菲尔德**（Charles Garfield）认为构成**巅峰体验**的有以下几个方面:(1)精神放松;(2)身体放松;(3)感觉目标就在眼前;(4)自信乐观的感觉;(5)高度释放力量的感觉;(6)有控制的感觉;(7)忘我的状态;(8)专注于当下的感觉。

如果持续追求巅峰体验的话,运动变得不再痛苦,身心也变得健康,由此巅峰体验也被应用到竞技以外的场合并被重视。

◉ 避免失败动机与力求成功动机

美国心理学家 **J·W·阿特金森** 认为人具有 **避免失败动机与力求成功动机**,两个动机的强弱变化会导致行为的变化。前者是不想失败的心境,会浮想失败时的遗憾心情等,有逃避达到目标的倾向。

后者是抱着想要成功的心情,选择合适的目标。

心理训练能够最大限度地发挥运动能力

比赛时我们为了能够发挥最高水平,而进行心理训练。通过心理训练来提高干劲、培养自我控制能力。

心理训练

❶ 设定目标:设定并细分目标。
❷ 自我控制的训练:放松。
❸ 心理热身:把心情带到最好的状态。
❹ 意象训练:把自己想的形象从头到尾描绘出来。
❺ 集中:强化集中注意力。
❻ 积极思考:转换成正面思维的技巧。

心理训练的成果

参加莫斯科奥运会(1980年)的运动员中进行过心理训练的运动员比例如下。

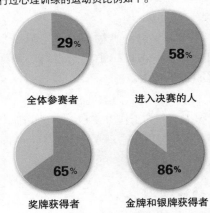

29%　全体参赛者

58%　进入决赛的人

65%　奖牌获得者

86%　金牌和银牌获得者

瑞典国际斯堪的纳维亚大学内斯塔尔博士的报告

提高员工干劲的工业与组织心理学

　　运用心理学的方法来解决事业运营的过程中出现的各种问题，研究如何提高业务效率，这就是工业与组织心理学。其研究主题涉及领导能力、正确的决策能力、人才招聘、人事评价、员工的健康、宣传和广告效果等多个方面。

　　在经济不景气的背景下，企业要想提高业绩，就必须提高支撑公司的员工的积极性。如何提高积极性也是**工业与组织心理学**的一大研究课题。

　　Motivation 就是**动机**的意思。动机是导致行为的原因，而产生动机是指让行为持续下去。动机分成**外部动机**（因为奖金而努力工作）和**内部动机**（为了得到新项目而自我激励）。另外，自己设定可以实现的目标，为此积累**成功经验**也是一种有效的动机。从这样的动机出发，即使有再多的工作，也能让员工感到"为了美好的明天而奋斗"。

　　如果为了提高业绩的话，不只是工作的人，了解消费者的行为也很重要。因此，工业与组织心理学也研究消费者**购买决策的心理和购买行为**。

　　无论制订多么高效周密的计划，最终付诸行为的还是人。企业和组织中人们的工作方式和工作意识随着时代的变化而改变。正因为这样，工业与组织心理学才会以人类的行为活动为焦点进行研究。

❗ 必备知识点

◉ 假期综合征（Salaryman Apathy）

　　指的是刚进入一流企业的新员工在黄金周结束后对工作失去热情，变得无精打采。和这个情况类似的是大学新生的**五月病（Student Apathy）**。

Apathy 是指由于精神疾病等引起的无力状态。虽然我们描绘了理想的工作生活或学生生活，然而当现实生活中没能取得预期的效果时，内心便会产生一种想逃避现实痛苦的心理，这也是**自我防御反应**的一种。

◉ **组织的职业概念**

职业多被用于精英的场合中，心理学认为职业**不只是过去和现在，还包括未来，而是在人的一生中形成的**。人生经历是人一生经历的不同过程。职业生涯是一个人一生所有职业相关的经历过程。在组织经营中，我们常思考自己的职业生涯规划。

职业生涯从个人的角度和从组织的角度出发点不同，理解和看法也不同。

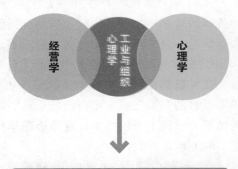

工业与组织心理学的定位

运用心理学和经营学的知识来解释企业等各种组织活动中出现的各种问题。

经营学　　工业与组织心理学　　心理学

提高员工的干劲

❶ 研究组织内成员的心理。
❷ 研究组织内人们的心理变化，比如动机和领导能力。
❸ 研究在组织内发生的可能性（旷工、偷工减料等）。
❹ 研究顾客（消费者）购买商品时的心理。

奖金多　　　　　　　　有干劲

奖金少　　　　　　　　提不起干劲

可以抒情疗愈的
音乐心理学

我们每天都被各种各样的音乐包围着，并从音乐中得到各种各样的恩惠。也就是说，音乐具有强烈的抒情及疗愈作用。有关音乐与心理的考察历史悠久，公元前 350 年左右，**亚里士多德**（▶ P12）在其著作《**政治**》中阐述了音乐对社会生活的影响。另外，在《**旧约圣经**》中介绍了**大卫**（古代以色列的第二代国王，伊斯兰教的先知之一）用自己的乐器竖琴心灵疗愈了**扫罗**（以色列的第一位国王）的故事。**音乐心理学**科学地验证了音乐和心理之间的关系。

将音乐心理学原理应用到临床的方法就是**音乐疗法**（▶ P242）。被称为**艺术疗法**的**心理疗法**之一，通过听音乐或演奏音乐，用音乐使心理得到康复。

音乐能加深心情放松度，享受音乐能获得**宣泄**（▶下面），还能促进我们与他人的交流。另外，在康复的时候，为了帮助身体机能得到恢复，有时也会使用音乐。

音乐疗法的对象包括儿童**自闭症**、**学习障碍**、**精神发育迟滞**等，成人**身心障碍**、**神经症**（焦虑症▶ P208）、**酒精依赖症**（▶ P224）等。然而，如果病情严重的话，也有可能达不到预期的效果。最近，音乐疗法被认为对**认知症**和上班族的**压力缓解**等方面有很好的疗效，受到越来越多的关注。

❓ 详细解析

◉ 宣泄（Catharsis）

    表示净化的意思。原本是古希腊哲学家**亚里士多德**（▶ P12）提出的概念，据说人们在欣赏希腊悲剧时，观众的心理得到净化，精神上也能得到安定的作用。

如今我们有更多的**宣泄渠道**。例如，为了能够面对自己讨厌的工作或学习，可以通过旅行、运动、电视等娱乐活动净化心理，减轻对课题的压力。

! 必备知识点

◉ 声学心理学

是研究声音通过人们的听觉带来的心理影响，属于音乐心理学的一个领域，也叫作**听觉心理学**。

例如，获取音频设备的频率等数据，测量听觉是如何感受的，进行噪音给人们造成多大心理负荷的实验。

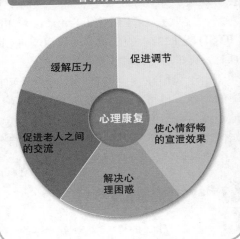

音乐使心理康复

音乐能给人带来快乐，同时能为压力过大的现代人解压。音乐心理学研究音乐如何对心理产生效果。

两种音乐疗法

被动疗法	主动疗法
欣赏音乐。	主动参与到唱歌、合唱、演奏乐器、作曲等活动中。

音乐疗法的效果

缓解压力

促进调节

心理康复

促进老人之间的交流

使心情舒畅的宣泄效果

解决心理困惑

疗愈灾后心理创伤的灾难心理学

重大灾难无情地夺走了人们的生命和财产。当我们遭遇这种情况时，会受到很大的打击，并引起**恐慌**。有时不仅会乱窜，甚至还会做出破坏性的行为。

灾难心理学主要就是研究在这种紧急状态下人们产生恐慌、散布**谣言**等的心理问题。

能够在恐慌的状态下保持一丝镇定是非常可贵的。如果我们能在第一次进入某办公楼时就提前确认好紧急出口，那么即使陷入紧急状态的时候，我们头脑中也能想象出逃生路线。这就好比在我们的脑海中描绘出从高处俯瞰的地图一样，我们将这个称之为**认知地图**（Cognitive Map）。

灾难不仅对身体，对我们的心理心灵也会造成巨大的伤害。比如，痉挛和噩梦。严重时还会变得健忘，有的人甚至还会出现被突如其来的噪音惊吓，还会对自己能够生存下来而感到内疚。这就是**心理创伤**（Trauma ▶ P222）和**创伤后应激障碍**（PTSD ▶ P222）的症状。所以对心理创伤的治疗，不只是发生灾难时，灾难后的持续干预也很重要。

由于我们在发生灾难时，内心受到很大的冲击，无法做出正确的判断，也可能因为确认不足、联络不足等导致二次伤害。灾难心理学在研究如何防止人们受到二次灾害的同时，也经常思考如何在心理上不留下创伤。在地震等自然灾害多发的日本，这是一个值得期待的发展领域。

✲✲ Psychology Q & A

Q ：在发生恐慌的时候能够主动帮助别人的人有什么特征吗？

A：这些为了他人而采取无偿且自发性的行为被称为**援助行为**。一般来说，女性的援助行为会更多。这是因为女性比男性具有更高的**共情能力**。

人们一旦有了第一次的援助行为，下次就会更容易参与进来。

❗ 必备知识点

◉ 心理危机干预

针对受到灾难心理创伤或犯罪打击的人们，帮助他们治愈内心中的创伤行为。这一方法被应用到日本阪神淡路大地震灾后的心理救援中而广为人知。

心理危机干预的实施需要以灾难创伤者、心理咨询师、救援社会工作者（接受过专业的心理知识培训，专门从事危机干预工作的人员）等组成团体，长时间陪伴并对受灾人员进行心理疏导，重建心理家园。

产生恐慌的三个条件

恐慌不是在任何时候都会发生的，发生恐慌主要有以下三点。

1 　信息泛滥

模糊的信息泛滥，不明确的信息会增加人们的不安感。

2 　谣言的扩散

煽动者的谣言会因信息的模糊性和重要性而大幅扩散

3 　追随他人

过于追随他人，失去了自己判断的能力，内心更感到不安。

因为某些情形而做出一些武断的行为，导致人们产生恐慌。

有助于判断适合自己职业的职业心理学

日本战败后延续至今的终身雇佣制，随着时代的变迁也发生了变化，比如促进高年龄层的提前退休，以及年轻人的流动现象（自由职业者现象）等。在**论资排辈制度崩塌**和**成果主义盛行**的情况下，很多人都在努力磨炼自己，寻找适合自己的工作，寻找能够提升职业生涯的工作。**职业心理学**为这样的人提供一些启发。这是一门通过研究人们选择职业时的适应性，思考人们与职业之间关系的学问。

适应性指的是人们在做某事时，所表现出来的个人能力、人格、兴趣、态度等，而不是通过教育和训练等获得的知识、经验和技能。但是，在工作后才发现的能力、适应性及感兴趣的程度，可能都需要考虑是否适合。

切记要**寻找适合自己的职业而不是自己喜欢的职业**。年轻人中也有不少为了寻找自己喜欢的工作而不断跳槽的人。我们把这种追求个人理想（寻找幸福的青鸟）而不断跳槽的人称为**青鸟综合症**（▶右面）。

美国心理学家**唐纳德·舒伯**（Donald Super，1910—1994）认为从**职业生涯**（成长过程中的经历）的角度看，职业的发展阶段有以下五个阶段：**成长、探索、确立、维持、下降**。为了找到适合自己的职业，不断探索是很重要的，但如果我们随着年龄的增长还没有确立适合自己的职业，那么等待我们的只有下降阶段了。

正因为如此，可以说以实践为基础的职业心理学，能够有效地支持和帮助我们构筑幸福的职业生涯。

❗ 必备知识点

◉ 职业锚

（Carrier anchor）

　　规划自己的职业生涯时所坚持的价值观和内容。美国心理学家**埃德加·施恩**（1928—）提出的，职业锚有以下几种类型：（1）创业型，创业者的创造性；（2）独立型，自由和独立；（3）稳定型，保证与安定；（4）生活型，生活方式；（5）服务型，义务劳动与社会贡献；（6）挑战型，挑战（挑战不可能）；（7）职能型，根据专业与技能划分（体现扭度）；（8）管理型，整体管理能力（带领组织全体创造业绩）。

❓ 详细解析

◉ 青鸟综合症

　　日本精神科医生**清水将之**（1934—）提出的词语，这个词来自于**梅特林克**的童话故事《**青鸟**》。故事讲述了蒂蒂尔和米蒂尔为了寻找能够带来幸福的青鸟而踏上了旅行之路。**青鸟综合症**被称为日本独有的现象，常见于缺乏社会经验和忍耐力的年轻人。而其本人却很难注意到这种状态。

人生的职业发展阶段

　　美国心理学家舒伯将人们一生经历的职业发展阶段划分为以下五个阶段。

成长阶段

0~14岁
了解自己是什么样的人，思考工作的意义。

探索阶段

15~24岁
萌生职业规划，并开始实践，思考未来的发展。

确立阶段

25~44岁
确立职业发展方向，以及职业地位。

维持阶段

45~64岁
维持确立的职业地位和优越感，不再开拓新的领域。

下降阶段

65岁~
面临退休后的人生，工作量逐渐减少，不久便停止工作。迈向人生的第二阶段。

将心理学应用到各个领域的职业

如今，对社会的不安、职场的压力，或者是人际交往中感到的不适等，所有场合都离不开心理学的支持。有人们接触的地方，就会产生**矛盾**。从这个意义上来讲，也可以说每个地方都需要心理学的应用。

满足这个需求的职业就是**心理咨询师**，心理咨询师根据不同的场合与发挥的作用不同叫法也会不同。

经常听到的是**临床心理咨询师**，运用**临床心理学**（▶ P38）的知识与技术解决心理问题，即"心理专家"。在医院或诊所等地，临床心理咨询师会运用**心理疗法**和**心理测试**配合医生进行治疗。

企业咨询师负责一般企业的心理辅导，运用心理学的方法帮助员工们学会自己解决问题。除此之外还有**教育咨询师、学校辅导员**（▶ 下面）、**精神康复社会工作者、音乐治疗师、家庭教育咨询师、行为治疗师、职业规划师**等。

❗ 必备知识点

◉ 学校辅导员

日本文部科学省为了改善学生逃学等问题的行为，以日本公立中学为中心，针对教育体制配置了专业的心理专家。

学校辅导员主要工作是针对在学校有压力和不满的学生们开展咨询工作，或针对教职员工进行**咨询服务**（▶ P60），对家庭成员提出建议等。

能够成为一名合格的**学校辅导员**，需要具备专业的临床心理学知识，以及考取专业的**临床心理师**等资格证书。也有很多具有同等水平专业知识的精神科医生、心理学专业的大学专职教师等担任学校辅导员。

另外，日本文部科学省正在全国范围内推进配备面向小学生及家长的家庭教育咨询员。

如何成为心理咨询师

心理咨询师有各种各样的类型，以下总结了具有代表性的日本临床心理咨询师取得资格证书的流程。

完成心理学硕士的专业学习

完成日本临床心理师资格认定协会指定的1类或2类专业硕士学习并取得毕业证书。

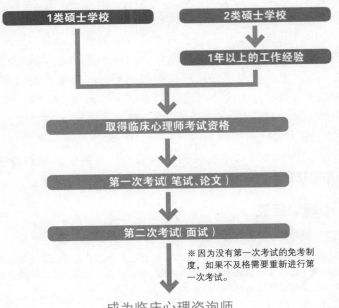

1类硕士学校　　2类硕士学校

1年以上的工作经验

取得临床心理师考试资格

第一次考试（笔试、论文）

第二次考试（面试）

※因为没有第一次考试的免考制度，如果不及格需要重新进行第一次考试。

成为临床心理咨询师

◎ 其他心理咨询相关的资格证书
心理咨询师不是国家资格，而是认定资格，所以很多心理咨询师招聘的应聘条件是需要取得资格证书。获得各种机构认定的资格证书可谓是走捷径，也有需要有实际工作经验的情况。

心理咨询师是患者的支持者

美国心理学家**卡尔·罗杰斯**（▶下面）认为心理咨询师应具备如下条件：**一致性、无条件积极关注、共情**（▶ P238）。一致性是指自我言行一致，表里如一，无条件积极关注是指无条件地认同来访者，即使知道对方有犯罪的情况也给予接纳；共情是理解对方的心情，感同身受。

心理咨询师的工作不是咨询师单方面的指导咨询，更重要的是站在**患者支持者**的立场进行工作。由于心理冲突而感到痛苦的患者，有时也会表现得很任性或固执己见，甚至也有无法和他们顺畅沟通的情况。而这个时候需要心理咨询师具备一颗包容心和忍耐力，能够理解对方的心情，对于那些根本听不进去话的人也需要有自制的能力。

心理咨询师的工作最有意义的就是，**不是告诉来访者答案，而是帮助来访者自己找到答案**，而这也是最困难的地方。

♥ 心理学巨匠

◉ 卡尔·罗杰斯（Carl Ransom Rogers）

美国心理学家**罗杰斯**（1902—1987）在自己作为心理咨询师接待**来访者（患者）**的过程中创立了**来访者中心疗法**（▶ P238）。这是一种贴近来访者的体验，尊重对方的心情使其恢复自律性的疗法。

❗ 必备知识点

◉ 咨询会（Consultation）

心理咨询是对来访者的支持，而**咨询会**则是拥有专业工作的人为了解决其他专业人士的问题而进行的**咨询服务**。

例如，在医疗场合，手术前麻醉科医生向外科医生进行咨询；在教育场合，教师之间会针对学生的问题进行相互咨询。

心理咨询师必备的三个条件

心理咨询师需要具备站在来访者（患者）的支持者立场思考问题，具体要求有以下三点：

1 一致性（纯粹性）

不要欺骗自己的情绪，保持现状。能够随时觉察自己当下的心理状态。

2 无条件积极关注

肯定地接纳来访者（患者）提供的信息，无论是好事，还是坏事。

3 共情

把来访者的困惑当作自己的事情来倾听，并将这种理解的心情回应给对方。

心理咨询师以这样的方式——不是告诉来访者答案，而是帮助他们学会自己找到答案，帮助来访者恢复心理健康。

心理学辅助商品开发和环境营造

企业的**商品开发**不仅受到时间和成本的制约，还需要**设法将消费者心理和商品**联系起来，因此心理学能够起到辅助作用。许多心理学家的研究表明，我们的消费行为模式和生活规律，可以作为商品开发的参考。

另外，在开发具有亲和型的商品时，也需要应用与涉及相关的心理学知识，它会使人感到"还想再用一下"，并让人感到和物品之间很亲近，尤其是以信息内容为主的商品。

心理学的应用不只是限于商品开发，例如，刚建成不久的新商业写字楼，却没有什么人气。这或许是因为没有将**周围环境和居民生活的行为模式**结合到一起的缘故。在这种情况下，**环境心理学**知识能够对环境建设起到有效的作用。

在环境和城市建设方面，各种各样的心理学也能发挥有效的作用。比如，日本随着老龄社会的发展，60 岁以上老年人引发的交通事故在不断增加。因此，我们可以从分析老年人在驾驶中发生交通事故的特征，以及对车辆行驶时的行为特性等进行调查，可以开发出怎样的安全教育系统，并从交通心理学的角度考虑如何采取措施来改善现有的环境。

以人为主体的商品开发和环境营造，必须应用心理学的知识。将安全性、生产性、舒适性考虑到环境的设计中，有利于人们的舒适性和便利性的街道建设，适应现实社会变化的生活环境设计等，可以说都是心理学的应用所带来的。

❗ 必备知识点

◉ SD 法

　　是 Semantic（语义）、Differential（差异）法的简称，由美国心理学家查尔斯·奥斯古德（Charles Osgood，1916—1991）提出的心理学测量法。这个方法具体是将"好""坏""快""慢"等相反的形容词分成两极，中间部分分成"非常（正面评价）""稍微（正面评价）""都不是""稍微（负面评价）""非常（负面评价）"等不同程度进行评价。这个方法也被应用到形象调查或商品开发等。

在建筑领域这也被作为一种有效的评价手段，常被用于评价景色是否优美。

◉ **拥挤**（Crowding）

由于人口密集而带来的不快感，导致血压上升，或者人际交往中采取消极的行为。所以在建筑设计或铁路车辆等商品开发现场，把减少**拥挤**作为目标。

另外，这个指标也被应用到表示人口密度。

运用心理学知识开发商品

企业开发商品时，也可以应用心理学知识。

策 划

将心理学的思维方式应用到将创意转化为实物的过程中。

开 发

运用心理学实现让人们心情愉悦的设计和功能，改善策划内容。

验 证

运用心理学验证消费者意见是否发自内心，并将其运用于开发中。

发 售

将心理学知识应用到商品宣传、广告等方面。

关注·实用
深层心理
1

肢体语言的表达方式： 手

有4个人在听你说话。从他们的手势中，你知道谁对你的谈话最感兴趣吗？

用手指敲桌子

双手交叉在胸前

双手摊开放在桌子上

手摸额头

解答

答案是 ❸。呈现出放松的姿势，表现出兴趣。但如果这个姿势是握拳的话，就表示拒绝、威胁、攻击的情绪。
❶ 的动作表示焦躁不安、紧张、拒绝。
❷ 表示拒绝他人进入自己的领域。但如果是笑着将双手交叉在胸前随声附和的话则表示很感兴趣。
❹ 代表感到迷茫、不信任对方。

人际交往的心理学

把握人际交往中的安全距离

当电梯和公共汽车里有很多人拥挤不堪时，你或许有过"好想离对方远一点"的想法。这就是**个人空间**。

我们在与对方相处的过程中会不知不觉根据自己与对方的亲密程度，区分使用允许对方与自己之间接近的**心理距离**。换句话说，每个人都会有一种"独立的空间"。它就像动物誓死守卫自己生活的地盘一样，我们对自己不太亲密的人，也不希望对方进入自己的领地。

美国的文化人类学家**爱德华·霍尔**（Edward Twitchell Hall，1914—）针对这个距离专门进行了一项调查并将调查结果发表。他将人们对于空间的处理行为称作**"空间关系学（Proxemics）"**，把人们的心理距离划分成四种，即**亲密距离**（家人、恋人、亲友）、**个人距离**（朋友、熟人）、**社交距离**（工作对象）、**公众距离**（素不相识的人），又分别将这四种距离进一步分成**近距离**和**远距离**两种。受欢迎的人深谙个人空间的奥妙之处，能够巧妙地区分掌握与每个人的距离。

❗ 必备知识点

◉ 非语言沟通

Non Verbal Communication。指除语言符号之外的信息作为线索解读他人心理的交流方式。非语言信息包括肢体语言、表情、外形、容貌、肤色、气味、触摸行为、**个人空间**等。

通过这种**非语言交流**，接收者对发送者的判断被称作 **Decoding（解码）**。相反，发送者对接收者的态度被称作 **Encoding（编码）**。

一般来说，女性比男性更具备解码能力，编码能力也更强。女性从恋人的行为举止中就能看出对方是否有外遇，对领导露骨地表现出讨厌的态度，也是因为这种特质吧。

通过距离感解读人际关系

舒服的距离感是根据人们之间的亲密程度而变化的。

亲密距离（0~45cm） 	**近距离**（0~15cm） 能感到对方的气息。仅限于私密关系间，以身体之间的互动为主。
	远距离（15~45cm） 坐公共汽车时和他人之间接近这个距离，会感到不自在和有压力。家人间或恋人间的距离。
个人距离（45~120cm） 	**近距离**（45~75cm） 夫妻或恋人以外的人踏入这个距离的话，容易产生误会。一伸手就能抓住对方或抱到对方的距离。
	远距离（75~120cm） 彼此伸出手，指尖几乎能碰到的距离。传达个人的愿望或事情的距离。
社交距离（120~360cm） 	**近距离**（120~210cm） 无法看到对方微妙的表情变化，或无法接触到对方的身体。这是领导与同事之间等工作场合的最佳距离。
	远距离（210~360cm） 虽然不能接触到对方身体，但可以看到对方的整个姿态。用于正式场合。
公众距离（360cm以上） 	**近距离**（360~750cm） 能够简单地对话，但很难建立个人关系。
	远距离（750cm以上） 以肢体语言交流为主，无法传达语言的细微差别。用于演讲等。

为何说城市人冷漠

我们经常会听到有人说城市人比乡下人冷漠。然而实际并非如此，无论城市人还是乡下人，冷漠的人就是冷漠的，那为什么人们会这么想呢？

首先每个人接收到他人的信息量是有差别的。由于受到互联网和电视的影响，一些信息也会传到乡下。然而，很多新事物都是在城市中产生的，所以城市的总体信息量呈现出压倒性的优势。

现在是信息时代，在城市中信息泛滥。美国心理学家**斯坦利·米尔格拉姆**（▶ P24）把这种状况称为**超负荷环境**。

在超负荷环境下，我们会采取在过剩的信息中只吸取必要的东西，无视其他信息的行为。因此他们把与自己无关的人交流控制在最低限度，结果就会给人留下冷漠的印象。

加拿大社会学家**欧文·戈夫曼**（▶右面）将这种行为称作**礼貌性疏忽**。由于这个概念常见于住在城市里的人们，所以也被翻译为**城市冷漠症**。为了与关系不熟的人排除不必要的关系，故意表现得仪式化，装出不关心的样子。这逐渐被人们默认为规则并沿用下来。比如，在电梯里将视线从旁边的人身上移开，看着天花板，故意装作没看见的样子。正因为如此，这也可以说保持了公共性。

❗ 必备知识点

◉ 旁观者效应（Bystander Effect）

Bystander 是**旁观者的意思**。**旁观者效应**是指人们即使遇到紧急情况也视而不见。美国发生一起女性被暴徒袭击，而附近的居民却无人帮助的事件（Kitty Genovese 事件），被大家公认为是反映都市人冷漠心理的典型代表事件。

实验调查显示，旁观者人数的变化会导致救助率发生变化，旁观者越少，人们越会进行救助活动。也就是说，在旁观者人多的情况下，会发生"即使我不帮助也会有人帮助"的**责任分散**现象。

💗 心理学巨匠

◉ 欧文·戈夫曼

（Erving Goffman，1922—1982）

出生于加拿大，活跃在美国的社会学家。在宾夕法尼亚大学等教授人类学和社会学。他认为人们的日常生活充满了戏剧的要素，并且人们将其掩饰起来，他著有《日常生活中的自我呈现》。

超负荷环境下的四种适应方法

都市生活可以说是处于异常的超负荷环境之中。米尔格兰姆认为人们适应这种环境的方法有以下四个特点。

① 短时间处理

只传达最少的信息，用较短的时间处理，尽量避免与对方的接触。

② 信息的排除

忽略不重要的信息，只接收对自己有利的信息。

③ 逃避责任

即使出现问题也会怪罪他人，希望别人帮助自己，自己不会采取任何行动。

④ 利用他人

尽可能减少与他人的个人接触。不会主动和他人联系。

迎合对方的从众行为是成功的关键

当我们处于所在的公司或某个团体时，都会寻求与其他人保持一致的想法或行为。这其中如果有人特立独行，我们就会试图说服对方改变行为，如果还是不能使对方改变，我们就会放弃并孤立他们。

虽说是能力至上的社会，而那些遵守公司规则的人会获得更高的评价。因此，懂得职场规则的精英或普通人士比起屡不听劝的人才更有出息。虽说社会在不断地变化，但是这种职场现象是不会变的。

所以当我们处于这样的职场群体中时，我们会有意或无意地注意自己的言行，融入周围的环境，避免自己与众不同。这就是所谓的从众现象。

美国心理学家**所罗门·阿希**（▶下面）用以下实验证明了这个现象。他给 8 名参与者出了一个简单的问题，实际上只有一个人是被试者，其余 7 个人都是实验合作者。先让这 7 位合作者开始回答问题，最后再让被试者回答。当这些合作者回答全部正确时，被试者也会回答正确。而如果合作者们故意说了错误的答案，有 35% 的被试者就会和合作者一样做出错误的回答。

这可以说是对自己的回答失去了自信，导致他们迎合周围人意见而从众的现象。这种从众行为被称作**一致性压力**。另外，如果自己的答案和集体的答案一致，人们就能承认自己的回答具有**主观妥当性**。尽管不知道答案是否正确，但这样做却能获得**社会真实感**（社会的事实），所以人们会采取从众行为。

♥ 心理学巨匠

◉ 所罗门·阿希（Solomon E.Asch，1907—1996）

出生于波兰，后来流亡到美国，活跃在美国的心理学家。他担任普林斯顿等大学的教授，并研究了**首因效应**（▶ P84），以及如何形成对他人的印象（**印象形成**）等。另外，通过实验证实了**从众现象**，使得社会心理学得到进一步发展。

ⓘ 必备知识点

◉ 姿势反应

阿希研究的**从众行为**，证明了人们容易随大流的行为，因此并不受欢迎。但同样是"从众"，也有积极的从众。

众所周知，人通过与他人融洽相处，建立起信任（**信任关系**）后，举止和表情等就都会变得相一致，这被称为**姿势反应**。因为就像照镜子一样，所以又称**镜像效应**。另外，从一致性的意思来讲，也可以称为**同步、从众现象**。

姿势反应经常出现在亲密关系中的夫妻或恋人之间等。

从众行为的例子

因多数意见或集体规则而改变个人的意见或态度的行为就是从众行为。

网红店排队现象

虽然自己不爱美食，但因为朋友说好吃所以排队。在这种排队行为上，我认为美食和价值观是相似的。

融入企业

职场中如果只有自己的外表和行为与其他人不一样的话，就会有被同事排挤的危险。而且自己也会感到不自在，所以最后采取和他人一样的从众行为。

进公司数月后

欺凌使弱者成为替罪羊

由于**欺凌**导致的自杀和暴力事件层出不穷。近年来，通过电脑或手机引发的**网络欺凌**事件在不断地增多。欺凌不只发生在孩子之间，在职场或其他各种团体中也屡有发生，这种现象已成为社会问题。

人们往往因为内心的不满和压力的累积后引起欺凌。越来越多的人不擅于交际和自我情绪的控制，所以积累了过多的**攻击性**，当被逼到了极限时，这些不满的借口使弱者成为**替罪羊**（▶下面）。另外，**欺凌的娱乐化、犯罪化**也成为问题。

然而围绕欺凌问题也有这样的争议 ——"被欺负的一方也有问题吧"。这种容易被戏弄的人叫作**"受虐能力（被虐性＝容易招致攻击的性格）高"**。确实，我们不能否认受虐是欺凌的一个因素，当然欺负人的一方也有问题。

导致欺凌的原因多种多样，从欺凌者的角度来看，既有故意而为之的情况，也有对受欺者无恶意的情况。不管怎么说，这都是人们心理压力积累过多导致的结果。这同时需要被欺负的一方不要过度依赖他人，能够尽可能让自己找到解决问题的方法。虽然欺凌现象不容易被周围人发现，但是如果稍加注意的话，不再作为旁观者，而是帮助他们一起寻找解决方法，就会不再让受害者受到孤立。

❓ 详细解析

◉ 替罪羊（Scapegoat）

在古代犹太教中，人们为了赎罪而将山羊作为牺牲品。由此比喻人们为了发泄集体的欲求不满，一起攻击其中一人的心理现象，这个受到攻击的人被称为替罪羊。

在有欺凌现象的班级里，为了发泄每个学生内心的不满和压力，为此受到欺凌的人可以说是"被拣选的"。

❗ 必备知识点

◉ 学校地下网站

用于中学生交换信息的网站。学生们可以在网上放上自己的邮箱地址、照片、大头贴，招募网友、男朋友或女朋友等。除此之外，还有聊天功能（在网上输入文字进行交流）。对于青春期的孩子来说，这是一种能够轻松愉快交流的工具。

当然，作为交友网站被滥用的情况也很多，由此成为社会问题。因为**针对个别学生写了很多中伤的话**，导致看到这些内容的孩子很受伤害，所以这成了欺凌的诱因。

过度的攻击性导致欺凌

欺凌是通过以下步骤发展形成的。

人们具有动物本来就有的残酷性和攻击性

➕

由于压力导致更加挫败

➕

通过过激的游戏模仿攻击性行为

⬇

攻击性达到最高

⬇

发现了替罪羊

⬇

导致欺凌！

由匿名引发的网络暴力

为了建立人际关系，我们需要**自我开放**。自我开放是指我们向对方传达自己是怎样的人，喜欢什么和讨厌什么，从事怎样的工作等，希望获得对方或周围人的理解。并以同样的方式去了解对方，缩短彼此间的**心理距离**（ ▶ P86 ）是很重要的。

然而，互联网的出现却改变了我们这种人际关系的存在方式。最重要的变化就是不让对方了解现实中的自己，不希望能和对方进行沟通和信息交流。在自己喜欢的博客上留言，或者在帖吧里发表自己的意见时，还能用**网名**（网络上使用的别名）抑或匿名写。在现实社会中人们都有各自的思想和立场，在网络匿名的背景下，人们可以各抒己见。不仅能充分地表现自我，还能伪装一个不同的自己。甚至还能用与自己完全不同的姓名、性别、工作和年龄生活。

相反，匿名会让自己变得更加大胆。即使自己认为没什么大不了的意见，有时也会给对方造成很大伤害。而且由于这种交流不是面对面，对方只能从字面上去判断这个人。无论何时何地都能联系的互联网，会成为人们一种随意的交流工具。如何避免**网络暴力**（ ▶下面 ）等不必要的麻烦，可以说比现实社会更重要的是在意对方的感受。

❗ 必备知识点

◉ 网络暴力

网络常用词语，是指人们匿名在博客（能在网上记录的网站，人们用于记录书评、日记等）上写有关中伤他人的话而引起其他人蜂拥而至的现象。因被恶意的内容攻击，内心感到很受伤害，由此导致**网络恐惧症**。

✳ **Psychology** **Q&A**

Q ：我在提醒下属注意工作时，对方用邮件回复抱歉的话。明明就坐在旁边，为什么不直接说呢？我很生气。

A ：这显然和**超负荷环境**（▶ P68）相关，信息时代无论老少，人们都被电子产品浸泡。越是年轻一代就越被最新的数码机器包围着，所以对电子产品没有抵抗力。

这样的人被称为**自我封闭的人**。他们具有逃避活生生的人际关系，专注于数码工具的特征。对于他们来说，手机和电脑是生活中不可缺少的东西。

互联网社会的人际关系

　　人们可以随时随地轻松交流的互联网改变了人际关系的交往方式。

1　匿名性

正因为匿名，既可以发表自己的意见，也可以不负责任任意发言或写恶意信息。

2　伪装不同的自己

由于没有和对方见过面，所以可以随意地编造身份告诉对方。

3　电子产品依赖症

一旦依赖上电脑和网络的话，就会觉得现实中的人际关系很麻烦。

选择恋爱对象、结婚伴侣的关键

我们如何确定恋爱和结婚的对象呢?

美国心理学家**巴希德**等认为,人们都愿意选择和自己相似的人作为伴侣(**匹配假设**)。也就是说,人们在害怕被比自己更有魅力的人拒绝的同时,也会拒绝比自己更没有魅力的人,这样就产生了相似的情侣。另外,也有这种即使初次见面彼此不甚了解,但彼此发现都有相似点而感到特别亲近并恋爱的情况。(**相似性原则**▶ P18)。

但是,如果是结婚的话,就必须考虑**互补性**(▶ P18)。例如,大大咧咧性格的女性,最好是与自己性格互补的一丝不苟的男性组建成家庭更好。

婚姻是男女创造新的羁绊的创造性行为。当你还在犹豫要不要和这个人结婚的时候,或者犹豫要和谁结婚的时候,可以应用英国心理学家**格雷厄姆·华莱士**(1858—1932)提出的**创造过程的四个阶段**(▶右图)。

❗ 必备知识点

◉ 罗密欧与朱丽叶效应

这是罗密欧与朱丽叶的悲惨恋爱所导致的恋爱心理,是指恋爱中的双方越是被父母和周围人反对的情况下,感情就变得越强。对于其他场合的人们来说,越是有困难,心里就越想要跨过困难达到目的。

我们在选择结婚伴侣的时候,不要被这个**罗密欧与朱丽叶效应**所迷惑,用后退一步的视角冷静地观察对方的态度也是必要的。

这种效应不仅适用于恋爱问题,同样也适用在市场营销和组织中。

例如,越是稀有的东西越能激起人们的购买欲;越是难题堆积如山的工作越会激发奋斗的心去打拼。

通过四个阶段寻觅最好的伴侣

　　华莱士认为任何新事物的产生都要经过以下四个阶段。以选择结婚伴侣为例。

1　准备阶段

为了增加见面的机会，积极参加酒会和交流会。

2　酝酿阶段

约会的机会不断增加，会更加深入地了解对方。

3　豁朗阶段

在某个瞬间，内在坚定地想"我要和这个人结婚"。

4　验证阶段

介绍给家人和朋友，听取周围人的反馈，并检验是否适合作为结婚对象。

结婚！

为何电车里常见的人不觉得陌生

你有没有这种经常在电车里见到**连名字都不知道却看着眼熟的人**。美国心理学家**米尔格拉姆**（▶P24）把这样的人叫作**熟悉的陌生人（Familiar Stranger）**。米尔格兰姆拍了一张坐满员电车上班的人所在站台的照片，并把这张照片拿给下一周同一时间上车的人们看，结果发现平均每人有 4 个熟悉的陌生人。

熟悉的陌生人也有很多是彼此之间很感兴趣的，可以说是比那些完全陌生的人感觉更亲近。其实也有很多人在想那些熟悉的陌生人过着怎样的生活。仅从这一点上来说，就能由此从陌生**变成朋友的关系**。

当你和这些人不幸一起遭遇灾害或事故时，你们马上就能变成要好的伙伴。实际上，也有报告显示，人们在灾害发生感到不安并引起恐慌时，如果和就近的熟悉陌生人之间相互鼓励，就能共同渡过难关。

另外，即使是同样的熟悉的陌生人，相互打招呼或是进行简单的交谈，也会彼此加深亲近感，对对方更体贴。针对邻里间噪音问题的调查显示，比起只是脸熟的人来说，人们更能包容那些与自己打过招呼的人。所以比起脸熟，人们感觉和打过招呼的人关系更加亲近。

❗ 必备知识点

◉ 小世界效应

这是**米尔格拉姆**（▶P24）提出的概念。米尔格拉姆寄出 60 封信给堪萨斯州威奇塔自愿参加者，请他们把信转给马萨诸塞州的某位女士。转发要亲手交给熟人。最终送到这个女人手里一共有3封信。由此关联到的熟人的平均数是6人。也就是通过6位熟人就能将全世界的人联系起来。

在现代，**SNS（Social Networking Services ＝ 社交网站，Mixi等）**就相当于这个规律。

◉ 熟悉性原则

美国心理学家**罗伯特·扎荣茨**（1923—）向大学生展示了从毕业相册中选出的带有脸部的照片，并询问他们对每个人的好感。这时，改变每个人展示的次数，结果发现出现次数越多的人好感度也越高。也就是说所看的照片中的人出现的次数越多，人们就越容易对对方产生好感。这就是**熟悉性原则**。

从熟悉的陌生人到戏剧化的偶遇

明明是根本不认识的人，为什么会感觉很亲近呢？也发生过有的熟悉的陌生人因戏剧化的偶然相遇后走到一起的事情。

坐电车上班

心理学家的调查显示，平均每人有4个熟悉的陌生人。

命中注定的人？

感到很亲切

↓

感兴趣

↓

偶然的交谈

熟悉的陌生人

↓

戏剧化的偶然相遇

非语言沟通能传递真情实感

人与人之间交流的基本是语言，但出乎意料的是仅用语言传达的信息却很少。我们还通过表情、姿势、动作等的**非语言沟通**（**Non Verbal Communication ▶ P66**）方式向周围传递信息。

美国人类学家**雷伯德·韦思德尔**认为，个体之间传达信息中，语言传达的信息占35%，而其他非语言传达的信息占65%。如果是在很多人的团体中，人们用语言表达的比例会进一步减少。这是因为人们更多地从表情、姿势、动作等中获取对方想要传达的信息和情感。

情感是想隐藏也无法隐藏住的，惊讶、愤怒、厌恶、悲伤、恐惧、轻蔑、喜悦等这些表情，是由于刺激产生的**不自主的反应**，无法有意控制。

还有一种无法用语言表达的方式叫作**副语言**（**Para Language**）。这是我们在谈话过程中，用打哈欠、微笑、细微的动作，以及音质和说话方式来表达情感和想法的方式。交谈的双方可以通过副语言来解读对方的人品和心理状态。

当我们能够通过非语言信息，或者其他语言表达的方式来获取信息时，可以说我们与他人交流的能力又提高了。

❗ 必备知识点

◉ 双重束缚

当语言交流和非语言交流不一致时，人们会感到很困惑。这就是由美国人类学家**雷格里·贝特森**（Gregory Bateson，1906—1980）提出的**双重束缚**（**Double Bind**）。当对方说的话和表情不一致时，听者就会感到很混乱。

比如，当你对自己的孩子说"你好可爱啊"时，如果面无表情，或表情焦躁不安的话，孩子就无法判断自己是否真的被喜爱，从而引起**心理上的冲突**。

据说如果家庭内部成员的沟通以这种双重束缚的模式为沟通方式，那么处于这种状态下的人也会出现类似**感统失调症**的症状。

◉ **查尔斯·达尔文,**
（Charles Darwin）

英国自然科学家**达尔文**（1809—1882）在其著作《关于人和动物的表情》中首次发表了对非语言沟通的研究。

非语言沟通

美国心理学家纳普认为非语言沟通有以下分类。

分类	非语言工具
身体动作	动作、姿势、表情、眼神等
身体特征	相貌、头发、身材、皮肤、体味等
接触行为	是否有肌肤接触的行为，以怎样的方式
近语言	哭泣、微笑等行为语言，声音的高低和节奏等
空间的使用方法	和人保持距离的方法和落座行为(坐在哪个位置等)
人工物的利用	化妆、服装、首饰等
环境建筑样式	室内装饰、照明、温度等

3 善于与人交往的社交技能

Social Skill（社交技能）是指我们在社会中善于处理人际关系，并能和他人和谐相处所必备的能力。

WHO（世界卫生组织）将社交技能定义为"当我们在日常生活中遇到各种各样的问题或课题时，自我解决且有效应对的能力"。社交技能包括自我决策、解决问题能力、丰富的创造力及想象力、批判性思维能力、有效的沟通、人际关系技能（自我开放、提问能力、倾听）、自我意识、共情、情感的应对、压力的应对等。

我们需要能读懂对方情绪的同时，也能控制自己的情绪。这样的能力比起性格，需要我们通过经验的积累，后天的学习才能自然地运用。

通常社交能力强的人很受周围人的欢迎。但是，近年来，我经常看到因为一点小事就生气的人。即使他们被提醒了像"在电车里要控制耳机的音量"等谁都应该明白的礼节时，也会被激怒，甚至还会突然扑上去。我认为这样的人就是社交能力不成熟，如果通过学习这个技能，或许也有解决之道。

人际关系本来就很复杂。但是，如果我们能熟练掌握社交技能，就能发现解决人际交往问题的关键。

❗ 必备知识点

◉ 决断性训练

决断性训练也叫肯定性训练，对畏缩不前的人，对他人有攻击性的人等有某种人际关系困惑的人都是有效的。这个方法原本是作为行为疗法（▶ P236）针对神经症（焦虑症 ▶ P208）患者进行的训练，现在一些企业组织也在广泛应用。

　　以小组课程的方式来学习如何明确地表达自己意见**的表达方法**和认真接受对方反驳的态度。

◉ **得失效应**

　　我们在被对方否定后再收到善意的言行时，会比一直被对方肯定更有好感。因为否定后被肯定会给对方带来冲击，所以会给人留下更深刻的印象。

　　女王型的女人最初对男人采取一副架子很高的态度，但之后又娇滴滴地撒娇的这种**蛮横娇羞**，正是由于**得失效应**，男人才更喜欢。作为一种**社交技能**，可以说是很有用的。

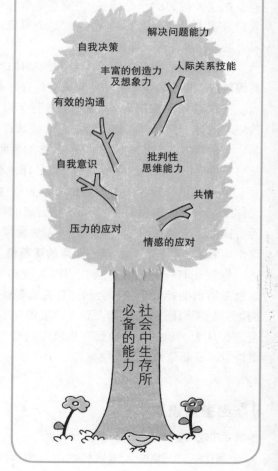

世界卫生组织定义的社交技能内容

　　WHO（世界卫生组织）列举了以下内容作为在社会中我们正常与他人交流和共存所必备的能力。

解决问题能力

自我决策

丰富的创造力及想象力

人际关系技能

有效的沟通

自我意识

批判性思维能力

共情

压力的应对

情感的应对

社会中生存所必备的能力

4 受个人喜好影响的标签化

我们在遇到初次见面的人时，会不自觉地给对方贴标签。心理学把这种行为称作**贴标签**。"他真是个和蔼可亲的人啊""这个人只是嘴上说说而已""他很稳重是个可靠的人"，我们会这样给对方贴上标签并形成印象。

最初形成的印象决定了对对方的整体印象。这个现象被称为**首因效应**，也就是说第一印象对人们的喜好有着很大的影响。

美国心理学家**阿希**（▶ P70）进行了以下实验并证明了首因效应。他将一位虚构人物的特征念给被试者听，"智慧、勤奋、冲动、有批判力，固执、嫉妒心强"，然后再将这些特征从后往前读给另一批受试者，以此分析人们形成的印象会有什么变化。

结果显示，听到前者的被试者认为"这个人多少有缺点，但总体上是个能力很强的人"，而听到后者的被试者认为"这个人虽然有能力，但缺点明显，所以是个无法发挥出本来能力的人"。从这个实验结果我们得知，**第一印象的重要性**。

标签还有一种力量，会让当事人变得和别人贴的标签一样。这就是所谓的**标签理论**，会起到**自我实现预言**（▶下面）的作用。例如，如果周围的人给某人贴上"散漫"的标签，那个人自己也会这么认为，而最终会导致真正散漫的行为。因此社会和我们需要注意不要随意地给他人贴标签。

❗ 必备知识点

◉ 自我实现预言

美国社会学家**罗伯特·K·默顿**（Robert K. Merton,1910—2003）提出的概念，

是指预言某件事情会发生并采取行动，从而导致本不可能发生的状况。

尽管上面的事例表明**自我实现预言**有消极的一面，但并非总是如此，它也有积极的一面。

例如，实际上并非美女的女性，如果一直真心地认为自己很美的话，就会有真正变美的效果。

◉ 亲近效应

在上述**首因效应**的例子中，讲述了后半部分的信息会受到初始信息好坏的影响。然而后半部分信息比前半部分信息更容易引起关注，这叫**亲近效应**。

销售谈话就会利用这个效应。有能力的销售员懂得如果在谈话的最后提出想要吸引顾客的要点，顾客就会不由自主地想买。

好感由第一印象决定

由于他人贴上的标签会形成固定的印象，所以我们都想给对方留下好的第一印象。

贴标签的影响

	A先生	B先生
初次见面		

第一印象被贴上了"A先生 = 规矩的人""B先生 = 散漫的人"的标签。

	A先生	B先生
第二次		

尽管穿着相同的衣服，也会认为A先生更体面。

	A先生	B先生
那之后		

被贴上"散漫的人"标签的B先生就会变得真的散漫。

被嫌弃的人是在语言距离感上搞错了

当我们向对方传达自己的意思并希望对方理解时，不只是传达事情就可以了，而是需要适合的说话方式和措辞。所以我们要尝试从对方的心理距离和**接近度**来考虑问题。

我们平时不经意地和人说话时，会有因为一些微不足道的措辞而引起误解，或者惹怒对方的情况。这是由于把握对方和自己之间的**心理距离**错误而产生的结果。

当对方比自己地位高时，不管多么亲切，也无法像朋友那样说话。即便领导说"今天不讲客套"，我们也不能过分地熟不拘礼。相反，当我们在亲密关系中，说话过于客气的话，反而会给人冷淡的感觉，有时也会让对方误解为"真是个不会打开天窗说亮话的人，好冷漠啊""我是不是被嫌弃了"。

最重要的是我们要好好把握自己和对方的关系与距离。如果能做到这一点，就能建立良好的人际关系。因此我们平时就要把握好亲密度高的说话方式和亲密度低的说话方式，自然地脱口而出。

另外，为了达到我们所期望的状态，有时我们也会故意采取亲密度高（或低）的说话方式。比如在销售谈话中，销售员为了拉近和顾客之间的距离而用亲密的话语，或是被不喜欢的男性追求的女性，故意用敬语客气地回复对方等。

✳ Psychology Q & A

Q ：A是个很受大家喜爱的人，即便是初次见面的人也能很快变得亲近。

对初次见面的人会记住对方的名字，然后用爱称来称呼。的确如果不是用"您""你""客人"或职务名、头衔来称呼对方，而是用个人姓名或昵称来称呼的话，应该不会觉得不好。为什么会有这种心理呢？

A：像 A 这样用昵称等来称呼对方的行为，对于被称呼的人来说会有**自尊感（自尊心）提高**的效果。这种"自尊心被撩拨"的**自我**行为，会让对方有自己也**参与**其中的感觉，这被称为**自我介入**。越是自己决定的事情，就越努力，这种感觉也可以称为是自我介入。

另外，自我介入能强烈地给对方留下自己和对方的态度与行为一致的印象。自我介入和区分使用**接近度**一样，在**人际交往**中也是很重要的。自然而然地掌握这个心理技巧的 A，可以说是人际交往能力很强吧。

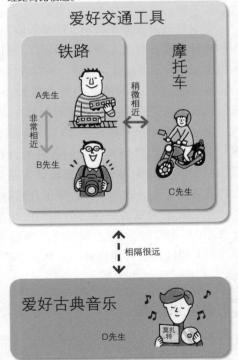

思考心理距离

心理距离既可以从人们的兴趣、关心、爱好等方面来判断，也可以从人种、性别、居住地区、组织内的地位、知识水平、习惯等来判断。

兴趣上的心理距离

彼此具有相同想法的人认为他们之间的心理距离很近，持相反意见的人则认为他们之间的心理距离比较远。

爱好交通工具

铁路

摩托车

A先生

稍微相近

非常相近

B先生

C先生

相隔很远

爱好古典音乐

莫扎特

D先生

2 头衔引起的光环效应

我们在判断人的时候，会以怎样的**价值观**来看待对方呢？通常是基于个人的价值观。而个人的价值观又会受到哪些影响而突然改变？

比如，当你得知这位头发蓬乱、印象不太好的人就是数次独揽文学奖的小说家时，你就会认为头发蓬乱是在创作过程中冥思苦想的证据。

像这样通过获取本人相关的最新信息，而改变了**对对方的认识**叫作**光环效应**。引起光环效应的还有人们的地位**头衔**、学历、年收入以及家庭背景等信息。当然，身穿奢侈品也能达到这种效果。

政治家或艺人的情况也是一样的，只要知道其父母是名人，就很喜欢。这是因为评价了与本人无关的部分。

美国心理学家**辛格**在给 40 位大学教授分别看 192 名女学生的照片时，让他们分别判断她们各自的外在魅力。于是被判断为有魅力的女学生的学习成绩也会被认为很好。也就是说，美女的外在特征发挥了光环效应，并改变了人们对她们的成绩评价。

尽管我们很重视内在，但如果彼此没有慢慢地交往是不会了解真相的。因此我们应该穿戴整洁的**服装和服饰**给对方留下好印象，最大限度地发挥光环效应。然后再让对方了解真正的自己。

❗ 必备知识点

◉ 宽大效应

我们在评价或判断他人时容易产生歪曲的认知，除了**光环效应**之外还有**宽大效应**。这是人们对对方的优点评价过高，对缺点评价过低造成的。例如，DV（Domestic violence **家庭暴力** ▶ P217）是依赖症的一种，在这里我们可以看到宽大效应。很多女性虽然想从情侣的暴力中解脱出来，但无论如何也无法分手，这是因为她们强调了"虽然他有暴力行为，但真正的他是个温柔的人"这一"温柔"的部分，使她内心接纳了对方的暴力行为。

宽大效应虽然相信人有善良的一面是好的，但是 DV 是明显的犯罪行为，由于宽大效应歪曲了**辨别他人的能力**造成无法看到现实是很危险的。

对人过高评价的光环效应

"Halo"就是光环的意思。光环效应是某个特征作为光环占主导，由此歪曲了对其他特征的评价。

普通人

没有特征，印象不深刻。

有各种头衔的人

仅仅听说对方是名校毕业，或是家境优越，就对那个人的真正价值给予过高的评价。

关注、实用
深层心理
2

恋爱对象出轨，你会怎么办呢?

当你发现男朋友(或女朋友)出轨了，你会怎么办呢?

1

默默忍耐。

2

马上和对方分手。

3

请求对方和出轨对象分手。

4

和第三者直接谈判。

解答

选择❶的人倾向于否定地看待事物，也不重视自己。他们需要对自己更有自信，偶尔也需要对对方强势。选择❷的人是真的不爱对方，可以说只是表面上的恋人关系。还是再确认一下自己是否喜欢对方吧。选择❸的是一个保守的人。非常爱对方，但也有很强的自尊心，也有很会算计的一面。选择❹的人自尊心很强，也很自恋。正因为如此，才会受到强烈的打击，做出果断的行动。

PART

3

心理学家的重要理论

1 冯特的心理学——将心理引入科学实验室

心理学作为一门科学诞生于 19 世纪末。1879 年，被称为实验心理学之父的德国**威廉·冯特**（Wilhelm Wundt，1832—1920）在德国莱比锡大学建立第一个"心理学实验室"，这被认为是**近代心理学**的开端。

而在此之前，围绕心理学的探索都是通过哲学的思考来进行的。**亚里士多德**（▶下面）从经验论的角度阐述了心理，他说："心就好像一块什么都没有写的画板。"法国哲学家**勒内·笛卡尔**（▶右面，▶ P248）从理性主义的立场出发，阐述了心理，他说："我们的心早就具备了感知事物的能力。"

但是到了 18 世纪，心理学由于受到英国自然科学家**达尔文**提出的进化论的洗礼，才开始走上了实证科学的道路。德国物理学家**古斯塔夫·费希纳**（Gustav Fechner，1801—1887）创立的**精神物理学**可以说是一个契机。冯特就是在这样的心理学历史的背景下出现的，他抛弃了以往的哲学手法，引入了**自然科学**。他不只是从概念上试图说明心理学，还通过自我意识的观察，采取了通过观察实证性地探索心理的**意识主义**的立场。

我们的内心有各种各样的感受（**心理因素的作用**），将这些感受结合起来才能形成认识。只要弄清了这个结合的规律，就能了解心理活动。通过观察内心世界的**内观法**（▶ P236）来观察、分析意识，因此他的学说也被称为**构造主义**。冯特在晚年，作为对自己心理学的补充，努力研究**民族心理学**。

❗ 必备知识点

◉ 成为科学之前的心理学

最先从理论上论述**心理结构**的是古希腊哲学家**亚里士多德**（▶ P12）。他认为"精神才是最具有研究意义的"，他从经验论的角度出发，围绕记忆、感觉、睡眠和觉醒等进行了考察。17世纪法国哲学家**笛卡尔**被称为近代哲学之父，他的"我思故我在"是哲学史上最有名的名言之一。受笛卡尔的影响，在德国诞生了**理性主义心理学**，之后由德国哲学家**克里斯蒂安·沃尔夫**（Christian-Wolff，1679—1754）发展为**官能心理学**（心理具备各种各样的官能）。

17世纪英国的**经验主义心理学**一直延续着经验论的观点。之后由英国哲学家**洛克**和**休谟**发展为**联想主义心理学**（人生来就是一张白纸）。

到了18世纪，随着数学、物理、医学等自然科学的发展，心理学与各个学科间相互融合。到了19世纪后半期，随着**冯特**的出现，心理学作为一门科学在学术上得以确立。

冯特的心理学

心理学由冯特由以前的哲学方法向科学的方法进化。

哲学手法

经验论心理学

他在其著作《论灵魂》中第一次论述了有关心理的历史。心理和身体是一个整体，无法分离。

亚里士多德

理性主义心理学

人类的心理早就具备了感知事物的能力。精神与肉体相互作用。

笛卡尔

自然科学手法

构造主义心理学

冯特

❶构造主义：他认为所有的事物都是由各种各样的要素集合构成的。

❷内观法：给作为实验对象的人各种各样的刺激，听取对方当下的感受并进一步调查的手法。

❸民族心理学：人的心理不仅取决于个体，还取决于个体所属的社会、民族、宗教等。

格式塔心理学——
发现人类知觉的构造

格式塔心理学批判了**冯特**（▶P92）的构造主义，它认为**人的心是一个整体的统一，无法还原为要素**。格式塔是德语，表示**整体、形态**的意思。譬如作为声音集合的音乐和单纯的声音，两者不能说是一样的。整体还原成部分，就失去了意义。换句话讲，整体大于部分的总和，1+1 不是等于 2，而是大于等于 3。

人类的**感知**（▶P254）不只是由作为单一对象的个别感受刺激形成的，而是由它们的整体框架来规定的，这就是格式塔心理学所主张的。格式塔倾向于整理成具有规则的、稳定的、简单的形式。这被称为**完形法则**（▶下面），这也是格式塔心理学的核心观点。

德国心理学家**韦特海默**最先将格式塔心理学体系化，然后由德国心理学家**苛勒**和**考夫卡**加以完善。另外，在德国出生并活跃在美国的心理学家**库尔特·勒温**（Kurt Lewin，1890—1947）将其应用于社会心理学，创立了自己独特的心理学门派——**拓扑心理学（心理场▶P274）**。

格式塔心理学，以**社会心理学**（▶P42）为首，被**知觉心理学**（▶P254）和**认知心理学**（▶P46、252）继承。它采用了自然科学、实验主义的研究方法，在考虑整体性的时候引入力学的概念等，这些都对现在的心理学产生了很大的影响。

❓ 详细解析

◉ 格式塔心理学的法则

　　格式塔心理学的法则是**完形法则**和**似动现象**。

完形代表"简洁"的意思。完形法则认为视野中出现的图形倾向于归纳成最规则、最稳定的形状，有**相近因素、相似因素、闭合因素**（▶ P254）、**简单因素**等。

相近因素是距离相近的东西趋于组成整体。相似因素是某一方面相似的东西趋于组成整体。闭合因素是彼此相属、构成封闭实体的各部分看起来是一个整体。简单因素是具有对称、规则、平滑的简单图形特征的各部分看起来像一个整体。这个法则被应用到画面的设计等方面。

似动现象（▶ P254）是指**本来是静止的，但看起来却像是运动的现象**。例如，"快速地翻漫画"看起来像是一个个漫画在动；闪烁的道口警报器看起来像是灯光在动。

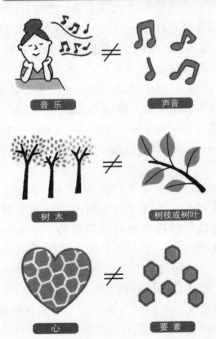

心是无法分割的

冯特认为意识是各种要素的集合，而韦特海默等人提出的格式塔心理学则认为心是一个整体，是不可分割的。

格式塔心理学

音乐 ≠ 声音

树木 ≠ 树枝或树叶

心 ≠ 要素

◎ 人们认为不是只看一个音符、一片树叶这个要素，而是将这些要素看作一个整体即音乐、树木。格式塔心理学就是研究这种心理认知的学问。

3 从行为解读心理的行为主义

　　行为主义最大的特征是，正面否定了心理学一直以来的意识解释。作为倡导者的美国心理学家**约翰·华生**（John Watson，1878—1958）认为，**人的行为是对刺激的反应而产生**的现象，心理学是行为科学，对于只能用意识这样的假设来解释的东西，没有研究的必要（▶下面）。根据华生的说法，所有的行为都会有引起它的刺激。并且根据**巴甫洛夫的条件反射学说**（▶右面），任何行为都可以掌握。

　　但是，过于机械的行为主义的想法也受到了很多批判，以美国心理学家**克拉克·赫尔**（Clark L. Hull，1884—1952）、**爱德华·托尔曼**（Edward Chace Tolman，1886—1959）、**伯尔赫斯·斯金纳**（Burrhus Frederic Skinner，1904—1990）等为代表的**新行为主义**登场了。

　　新行为主义者们认为刺激不是直接导致反应的，而是中间有某种媒介。尤其是斯金纳用一个名为**斯金纳箱**的实验装置，证明了**能动性的行为是可以习得的**。斯金纳箱是一按下控制杆就能出饵食的结构，放入其中的老鼠因为偶然触碰了控制杆而吃到了饵食，于是老鼠就学会了在它们想要食物的时候就主动按控制杆。

　　巴甫洛夫的经典条件反射学说是，铃声一响狗就流口水，属于被动情况下习得的行为。而与**经典条件反射**相比，通过斯金纳箱的学习则是基于老鼠自发性的行为，因此被称为**自发性条件反射**。

❗ 必备知识点

◉ 华生的实验

　　美国心理学家**华生**对出生后 11 个月的婴儿进行了一项实验，给婴儿看白色的老鼠，然后每当婴儿要伸手去摸的时候就会发出锤子声，让婴儿感到惊吓。最后那个婴儿一看到白色老鼠就会感到害怕，不久也会变得害怕白兔和毛皮大衣。由此，华生提出了**行为主义**，他认为决定人类特质的很大程度上取决于后天的环境。

◉ **巴甫洛夫实验**

　　俄罗斯生物学家**伊万·巴甫洛夫**（Ivan Petrovich Pavlov，1849—1936）进行了一项实验。他在给狗喂食前先让它听报警器的声音，不久狗只要听到这个声音就会流口水。通过联想饵食而流口水是任何动物都有的生理反应，在这个实验中，由声音联想饵食，训练流口水。这个现象被命名为**条件反射**。

　　在我们的身边也能看到这种条件反射的现象。比如只要看到话梅干和柠檬，即使不吃也会感到酸酸的。

行为主义和新行为主义

　　经典条件反射是有刺激才产生行为，而自发性条件反射则认为在刺激和行为之间存在媒介。

行为主义（华生等）

经典条件反射

❶让狗听报警器的声音。

❷在这之后喂食，并反复操作。

❸狗一听到报警器的声音，就会流口水。

新行为主义（托尔曼、斯金纳等）

自发性条件反射

❶老鼠偶然碰到了控制杆，饵食就出来了。

❷老鼠学会了只要碰到控制杆就会有饵食。

❸于是老鼠想要饵食就会自主地按杆。

1 弗洛伊德的精神分析学说
——研究内心深处的奥秘

与**冯特**（▶ P92）重视**意识**不同，奥地利精神科医生**弗洛伊德**重视**潜意识**（▶下面），并由此开始了精神分析学。弗洛伊德通过对梦、口误、**神经症**（焦虑症▶ P208）中的潜意识进行研究，形成理论并创立了精神分析学。

弗洛伊德最初将人的心理分成**意识**、**前意识**、**潜意识**三个部分。但他在治疗神经症患者的过程中，认为可以将其分成**本我**、**自我**、**超我**三个部分。

本我，原本是人类具有的最原始的冲动，是无法自我控制的。是潜意识中，不分善恶，为追求快乐与满足而行动的精神能量。其中**性冲动**也被称为**力比多**（▶ P102），被认为具有强大的力量。

弗洛伊德将本能比喻为一匹发狂的马，而牵着那匹发狂的马的缰绳是自我。自我是知觉和情感等的主体，也称为**自我意识**。自我不仅控制着本我，还对外界的反应和来自超我的反应起到引导方向的作用。

可以说超我代表良心和道德。父母的教养以及社会的规则、道德观、伦理观、自我限制等都被内化于心，成为超我，检查、审查本我的行为。比如，对犯罪感到罪恶感就可以说是超我的作用。

另外，弗洛伊德认为用**自由联想法**（▶ P100）和**梦的解析**（▶右面，P304~309）这两种方法进入人的潜意识，将压抑在内心深处的东西释放出来，就能消除心理疾病和不安。

♥ 心理学巨匠

◉ **西格蒙德·弗洛伊德**（Sigmund Freud，1856—1939）

奥地利精神科医生，他曾在维也纳大学医学院学习，毕业后作为临床医生在对歇斯底里患者进行催眠治疗的过程中，发现人的行为和他的潜意识欲望相关，并将此称作**心理决定论**。除此之外，**弗洛伊德**还发现了很多重要的概念，包括被称为 20 世纪最大发现的**潜意识**，以及人类所拥有的性能量——**力比多**等。

❗ 必备知识点

◉ 梦的解析

弗洛伊德认为梦是潜意识里产生的信息，它象征着深层的欲望。

与此同时，瑞士心理学家**荣格**（ ▶P110）提出**分析心理学**理论，他认为梦是意识（自我）和潜意识相融合的世界，在梦中，自我会减弱，潜意识的力量会增强。后来，美国的荣格派心理学家**阿诺德·明德尔**（M.R.Arnold,1940—）将荣格的梦的概念发展为身体的心理疗法，形成了**评定—兴奋学说**。

弗洛伊德的潜意识

弗洛伊德认为人的心理是由本我、自我、超我组成的。

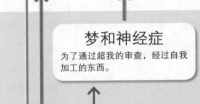

外界
内心之外的现实社会。人的内心会收到外界提出的各种各样的要求。

梦和神经症
为了通过超我的审查，经过自我加工的东西。

自我
它的作用是将本我的欲望调整为符合现实的原则（社会的规则）。

超我
从道德上、社会常识上看，把不好的本我欲望抑制。

NG

本我
快乐、本能的精神能量，与超我对立，就像积累（压抑）对外界不满的事情的储藏库一样的地方。

人的心理

→ 要求　→ 适应　→ 欲望　--→ 检查

2 在治疗歇斯底里患者的过程中发现的自由联想法

弗洛伊德（▶ P98）在治疗精神病患者的时候，**催眠术**作为新治疗技术达到了顶峰。他也尝试了用催眠术的治疗，但是也有患者没能被催眠术催眠，因此没有得到想象中的效果。于是，他开始用**自由联想法**代替**催眠疗法**（▶ P300）。

他在接待患者的时候让他们躺在长椅上，让患者把心里浮现的事情，即便认为内容是无聊的、没有意义的事情也让他们按照自己的想法说出来。然后，患者自己也忘记了的记忆在不知不觉中复苏了，于是他开始探索"为什么患者会忘记了那个"。

这是通过使内心深处的**潜意识显性化**来找出患者生病的原因的方法。他认为，在**被压抑而无法意识到的潜意识**中，存在着引起症状的事件和心理冲突。并且，他认为心理疾病是由于某种原因而被压抑的记忆的替代品。

在自由联想法中，患者自由表达是很重要的。但是，自由表达却出乎意料地难。即使告诉你"你可以自由地说"，也会有不想说的时候。弗洛伊德认为那正是封锁在内心深处的压抑。而且，比起回忆，他更想把妨碍记忆复苏的东西切除，让它流脓，把它的病灶转化成好的东西。**精神分析学**（▶ P98）就是在这样的过程中诞生的。

❗ 必备知识点

◉ 谈话疗法

1880 年，维也纳医生**约瑟夫·布罗依尔**（Josef Breuer）对患有歇斯底里症的女性安娜·欧（Anna O）尝试了催眠疗法，每当她想起过去的事情时，她就会表现出激烈的情绪，这就和查明症状的原因联系在了一起。安娜把这个治疗叫作**谈话疗法**（开玩笑地说："打扫烟囱"）。**弗洛伊德**也引入了这个谈话疗法，在对布罗依尔和歇斯底里进行研究之后，脱离催眠治疗，提出了不使用暗示，只依赖患者的自由联想的自由联想法。

⦿ **催眠**

18世纪后半叶，奥地利医生**安东·麦斯麦**（Anton Mesmer，1734—1815）使用催眠作为治疗方法，此方法又被称为**"动物磁流学"**催眠法，经过一段时间的发展，弗洛伊德在心理学的领域提出了**催眠**，1950年被承认为是心理现象。

动物磁流学是指"所有物体中存在着动物磁性流体，当它在人体中失去平衡时就会引起疾病"。当拥有大量动物磁的人与病人接触，磁性流体就进入病人体内，可以恢复病人体内磁性流体的平衡而治愈疾病。

从催眠疗法到自由联想法

弗洛伊德在之前的催眠疗法中引入了谈话疗法、前额法，创立了自由联想法。

催眠疗法

暗示对方像睡着了一样，催眠状态下让对方说话。

你会变得越来越困……

➕

谈话疗法

让患者随心所欲地说话。

➕

前额法

用手按住患者的额头，唤起记忆。

啊，想起来了。

⬇

自由联想法

让患者躺在长椅上自由地说话，唤起记忆。

我小的时候……

3

力比多——
潜意识中燃烧的疯狂力量

在拉丁语中，代表欲望的词叫**力比多**。弗洛伊德（► P98）把人类与生俱来的**本能能量（欲望）**中有关性的内容（性冲动）称为力比多。随着时间的推移，力比多得到发展，它存在于人们身体的各个部分。因此，人们用身体各部位的名字来描述人类的成长过程。

力比多的发展阶段分为以下五个时期：自出生至 18 个月左右称为**口唇期**，1 岁至 3 岁为**肛门期**，3 岁至 6 岁为**性器期**，6 岁到 12 岁为**潜伏期**，12 岁之后称为**生殖期**。

比如孩子上幼儿园时正处于性器期，他们会对自己的性器官产生强烈的兴趣。因此常见到他们会触摸，或给人看性器官的行为。

上小学后，他们对性的关心会暂时受到抑制。这就是所谓的潜伏期阶段。而到了生殖期（青春期）阶段，他们对异性感到吸引，并寻求性对象。

人们如果在各个发展阶段能平衡地满足性的欲求，那么力比多的发展就能顺利地过渡。但是，如果性的欲求被过度满足，或相反不被满足时，就会把处于那个发展阶段特有的情感向后拖延。当人们受到某种打击的时候，就会回到之前的那个发展阶段。前者叫**固着**，后者叫**退行**（► P105）。倘若处在这样的状态下很快就会形成**神经症**（焦虑症► P208）。

❗ 必备知识点

◉ **力比多和桑纳托斯（生的本能和死的本能）**

弗洛伊德提出了**本能二元论**，他认为人天生就有生的本能（**力比多**）和死的本能（**桑纳托斯**）。

力比多代表人想要活下去的欲望，包括爱和创造、食欲、性欲等。

桑纳托斯代表面对死亡的欲望，是一种破坏性的本能，自杀等都是这个欲望的表现。弗洛伊德认为这两个矛盾的欲望是内外一致的。

◉ 移情和反移情

在精神分析的治疗中，**来访者（患者）**对心理咨询师怀有特别的情感。来访者过去对父母等怀有同样的情感，表现为依恋和撒娇，他们通过克服这种移情与心理咨询师建立信任的关系，治疗才会顺利地进行。

其中，来访者对咨询师怀有恋爱情感的叫**正移情**，怀有仇恨和敌意叫**负移情**。心理咨询师对来访者怀有恋爱情感的现象被称为**反移情**。

不同年龄阶段 力比多的变化

弗洛伊德用身体各部分的名称来表现力比多的发展过程。力比多通常会随着成长顺利地过渡，倘若无法顺利地发展，就会发生固着或退行现象。

口唇期

0~18个月

用嘴吸吮乳房会产生快感。这种快感以中断哺乳为结束。儿童慢慢适应周围环境的时期。

肛门期

1~3岁

排泄作为力比多的表现形式，让儿童慢慢地学会控制排泄。他们会变得积极地参与周围的环境。

性器期

3~6岁

开始对自己的性器官（男性阴茎，女性阴蒂）感到兴奋。对异性父母产生性方面的好奇心，憎恨同性父母的心情也会变得更加强烈。

潜伏期

6~12岁

力比多被暂时抑制。

口唇期
潜伏期
性器期
肛门期
生殖期

生殖期

12岁之后

对异性感到吸引，寻求性对象。

4 弗洛伊德发现"性"是导致心理疾病的根源

弗洛伊德（▶ P98）在持续治疗女性患者的过程中，发现了一件奇怪的事情。很多患者在追溯被潜意识压抑的记忆时，会说"小时候我被父亲骚扰过"。

于是他在想当时的她们虽然不知道自己到底发生了什么，但觉得"被他人做了不该告诉别人的事"，并将记忆封锁在内心深处。她们的**歇斯底里**（病理性兴奋）症状是由于过度压抑了这部分想要浮现出来的记忆而导致的。

他就此提出了**性创伤学说（诱导理论）**。但实际上并不是有歇斯底里症状的患者大多都有这样的记忆，相反，也有些人即使有记忆也不会患歇斯底里的症状。因此他放弃了性创伤学说，接着创立了**幼儿性欲学说**。

虽然这些女患者们所说的记忆不能说全部都是幻想，但弗洛伊德认为这也不是真实的体验，而是隐藏在潜意识中的欲望。于是他提出**幼儿也有性欲**。

弗洛伊德所说的性欲不是指成人所认为的性欲。他认为性欲分为性欲和性器官性欲。详细内容将在下面内容里讲述，他认为幼儿期的吮吸等也包含在广义上的性欲范围。但是，"幼儿也有性欲"在当时引起了人们很大的反感，因此弗洛伊德的学说也被贴上了淫秽的标签。

? 详细解析

◉ 固着和退行

在**力比多**（ ▶ P102）的各个发展时期，过分满足或无法满足力比多引起的现象被称为**固着**。

例如，在婴儿期的**口唇期**，被母亲过度地哺乳或几乎不哺乳的人们，成人后就会对乳房格外注意。喜欢女性胸部的男性就是因为这种现象而导致的。

相反，当人们精神上受到刺激时，又回到早期发展阶段，这被称为**退行**。比如，成人像婴儿那样对母亲撒娇，就可以认为是从性器期到口唇期的退行。

感到工作压力的商务人士在恋人面前像婴儿一样爱撒娇；进入青春期的青少年，为了逃避在社会上生存的痛苦而回到儿时的亲子关系。这就是所谓的**退行**现象。

心理疾病的形成

弗洛伊德在治疗歇斯底里女性患者的过程中，发现很多人坦诚地告诉他"小时候我被父亲骚扰过"。于是他相继提出了性创伤学说和幼儿性欲学说。

1 性创伤学说

儿时受到的性恶作剧等是引发心理疾病的原因。

2 幼儿性欲学说

是指幼儿也有性欲的想法，对父亲潜意识的性欲望被违背，形成心理疾病。

5 男人都有杀死父亲的欲望吗？

在**力比多**（▶ P102）的发展过程中，3~6 岁时期也被称为**俄狄浦斯期**。俄狄浦斯（或奥狄浦斯）是希腊神话中的人物，他在不知情的情况下，杀死了亲生父亲，娶自己的母亲为妻。

3~6 岁时期的儿童开始对异性父母产生依恋。这样一来，同性的父母对孩子就会感到疏远。如果是男孩子的话，便想独占母爱，希望没有父亲，如果父亲死了就好了，这样的愿望会越来越强烈。但由于父亲的力量很强大，自己是无法与之抗衡的存在。这种在**潜意识**中发生的**冲突**就是**俄狄浦斯情结**。

弗洛伊德（▶ P98）认为，这个时期的男孩子如果被父亲知道了自己的真实想法，就会陷入阴茎被割掉的焦虑之中。男孩对此感到恐惧，因此放弃了对母亲的想法，转而关心其他的女性。同时弗洛伊德认为，通过将自己与父亲同等看待，可以消除自卑感。

顺便说一下，弗洛伊德认为如果是女孩子的话，最初会对母亲产生依恋，而后由于发现自己没有阴茎而感到自卑。弗洛伊德认为，她会对自己那样对待母亲感到失望，转而对父亲产生兴趣。并且，对父亲的性爱情感会持续到青春期直到爱上其他男性为止。弗洛伊德认为，任何人都有这种俄狄浦斯情结，如果不能很好地消除，就会出现**神经症**（焦虑症 ▶ P208）的症状。

❓ 详细解析

◉ 俄狄浦斯和厄勒克特拉

将**俄狄浦斯情结**用于女性的场合，**荣格**（▶ P110）将其命名为**厄勒克特拉情结**。俄狄浦斯和厄勒克特拉是希腊神话中的王子和公主，俄狄浦斯杀死了亲生父亲，厄勒克特拉杀死了亲生母亲。

拉伊俄斯国王由于相信了"你会被自己的儿子杀死"的神谕，于是舍弃了俄狄浦斯王子，但不久俄狄浦斯成为邻国科任托斯国王的养子。长大后的某一天，王子听到神谕说："你会杀死你的父亲，然后和你的母亲结婚。"王子因为害怕这样的事情发生而前往国外，但是在旅途中发生了意外，他在不知道自己的亲生父亲是拉伊俄斯国王的情况下杀死了他。

之后，他又击退了在出生的故乡折磨着人们的斯芬克斯，成为英雄，并被拥立为国王，于是他在不知情的情况下与亲生母亲结婚，还生了孩子。最后，他知道了之前杀死的是自己的亲生父亲，妻子是自己的母亲，绝望之余刺瞎了自己的眼睛。

厄勒克特拉公主的母亲与其恋人共同谋杀公主的父亲，公主替父报仇，杀死了母亲。

从俄狄浦斯情结到恋母情结

如果在成长的过程中无法克服俄狄浦斯情结，就会形成恋母情结。

5 岁左右的男子

对母亲产生依恋而仇恨父亲。

仇恨父亲 = 俄狄浦斯情结的萌芽

通常情况	将弱小的自我与强大的父亲对比，自己无论如何也敌不过父亲 放弃对母亲的憧憬
家庭条件不好的情况下	● 夫妻关系恶劣 ● 父亲不顾家等 母亲与儿子之间的依恋变得更加亲密 儿子即便上学后也还会有俄狄浦斯情结 = 恋母情结的诞生

6 弗洛伊德的后继者们

　　弗洛伊德（▶P98）与德国哲学家**马克思**和**尼采**齐名，是对21世纪文化产生巨大影响的三巨人之一。在心理学领域，很多人受到他莫大的影响并不断产生新的流派。他的小女儿，精神分析学家**安娜·弗洛伊德**（Anna Freud，1895—1982）发展了弗洛伊德的自我理论，后来由奥地利心理学家**海因兹·哈特曼**（Heinz Hartmann）创立了**自我心理学**（▶下面）。

　　从这一流派中，涌现了从维也纳搬到美国继续活跃的**埃里克森**（▶P146）和创立了**自体心理学**的**海因茨·科胡特**（Heinz Kohut，1913—1981）。在英国，来自维也纳的**梅兰妮·克莱恩**（Melanie Klein，1882—1960）创立了**对象关系论**。同是奥地利的心理学家**阿弗雷德·阿德勒**（Alfred Adler，1870—1937）从**个体心理学**（▶下面）的立场出发，他认为人不是与生俱来就有全能感，而自卑感却是与生俱来的。

　　最后，作为一个伟大的人物登场的是**荣格**（▶P110），他否定了弗洛伊德的**性理论**，他认为**潜意识**中的力量与古老的神话有联系。

❓ 详细解析

◉ 自我心理学和个体心理学

　　自我心理学的根本——**弗洛伊德理论**中，**自我**为**超我**和**本我**（▶P98）起到了调整作用，但在**自我心理学**中，自我起到了积极的作用，自我是自律的存在，是人格的形成。

　　弗洛伊德将人的内心分成自我、超我、本我等要素，而**个体心理学**认为这是无法分割的。另外，弗洛伊德理论认为婴儿没有自卑感，而是随着对现实社会的了解逐渐产生了自卑感，但是个体心理学认为孩子原本就有自卑感，并将其作为长大成人的动力。

　　另外，在影响人们心理方面，弗洛伊德理论重视亲子关系，而个体心理学重视兄弟姐妹关系。

弗洛伊德的心理学

弗洛伊德去世后，他的理论影响了许多心理学家，并创立了很多新的学派。

分析心理学	荣格	从弗洛伊德的精神分析学中分离出来，创立了分析心理学（荣格心理学）。
个体心理学	阿德勒	心是个体的，无法分割。人们通过克服自卑感，心理获得了成长。
新弗洛伊德学派	弗洛姆、霍妮、沙利文	人的心理受社会的影响，并批判了弗洛伊德理论中无视社会对心理影响的部分观点。
自我心理学	安娜·弗洛伊德、哈特曼、埃里克森	是由弗洛伊德的女儿安娜·弗洛伊德等人提出的理论。自我是自律的存在，人们为了确立自我认同感而发展。
自体心理学	科胡特	在探索人的心理时用到自体这个概念，自我在与他人的关系中得到发展。如果治疗者与患者产生共情，就能理解对方的心情。
克莱恩学派	克莱恩	以出生后1个月的婴儿和母亲的母子关系为线索，提出了对象关系论，认为为了发展自我与超我，自己与某个对象之间的关系非常重要。
巴黎弗洛伊德学派	拉康	把弗洛伊德的精神分析学发展为结构主义，创立了弗洛伊德的经典学派。他还反对新弗洛伊德学派和自我心理学，主张"回归弗洛伊德"。

1 将潜意识与神话联系起来的荣格心理学

荣格（▶下面）和**弗洛伊德**（▶P98）一样，也是着眼于**潜意识**重要性的一个人，但是处理方法却完全不同。弗洛伊德认为潜意识是容纳被压抑的记忆和冲突的场所，而荣格认为潜意识具有更广泛的意义。或许可以说荣格的心理学将目光投向了自**亚里士多德**（▶P12）时代以来从未被回顾过的灵魂。

他把潜意识分成**个体潜意识**和**集体潜意识**，他认为集体潜意识中蕴含着全人类共同的智慧和历史。并且，在**世界神话故事里，我们能看到某种共通的形象**，这也是源于这种集体潜意识。

另外，他还认为在潜意识中隐藏着与意识形成鲜明对比的另一个自我。比如，讨厌学习的人，在偶然间遇到感兴趣的领域时，会发现有一个喜欢学习的自我等。荣格认为，人们心里，存在着自己不知道的自我，像他人一样作为独立存在的自我。他解释说，因为有讨厌学习的自我和喜欢学习的自我，相反的自我能够弥补不足的部分，因此人的内心就会变得完整。

荣格说自我心理学是"意识的科学，是由潜意识心理所产生的科学"。包括神话和炼金术的体系化、集体潜意识、**自卑感**（▶P106、150、300）、**原型**（**Arch etype**，▶P116）、**梦的解析**（▶P98、304~307）等多方面的研究，也可以说探索了心理的多样性。

♥ 心理学巨匠

◉ **卡尔·古斯塔夫·荣格**（Carl Gustav Jung，1875—1961）

瑞士心理学家。他在巴塞尔大学、苏黎世大学学习精神医学时，作为研究人员活动的过程中，被**弗洛伊德**的精神分析所吸引。有一段时间，他被认为是弗洛伊德的接班人，但由于他逐渐开展了自己的理论，之后与弗洛伊德绝交。

他与弗洛伊德的不同之处，除了上述关于潜意识的理解之外，对于生的本能即**力比多**（ ▶ P102 ）的理解方法也有差异。弗洛伊德把力比多解释为性本能（性冲动），而**荣格**认为力比多除了代表性的内容之外，一般的能量也包含在力比多里。

不久荣格创立了自己的理论——**分析心理学**（在日本称为**荣格心理学**）。

荣格的潜意识

荣格将人的心理分成了下图中的内容，并解释了各自的特征。

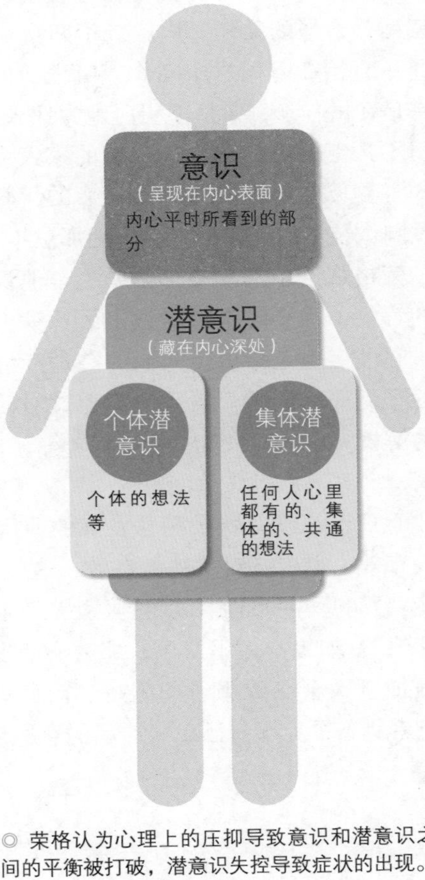

意识
（呈现在内心表面）
内心平时所看到的部分

潜意识
（藏在内心深处）

个体潜意识

个体的想法等

集体潜意识

任何人心里都有的、集体的、共通的想法

◎ 荣格认为心理上的压抑导致意识和潜意识之间的平衡被打破，潜意识失控导致症状的出现。

荣格从无法解释的行为
查明心理问题的原因

在**荣格**（►P110）工作的医院里，有一位老年妇女总是用手重复做着奇怪的动作。这位老年妇女有**紧张性**（►右面）的症状，因此一直持续着做这个动作。听之前的人说，这位老婆婆的动作好像是在做鞋子，荣格不明白她为什么会做那样的动作。

不久老婆婆就去世了，她的家人为她举行了葬礼。由此荣格得知老婆婆住院是因为她被鞋店的年轻人抛弃而导致的。老婆婆通过制作鞋子的动作，将自己和那位年轻人**同一化**（►右面）。

荣格从这个经验中得出结论，他认为患者所做的这些不明所以的言行，和平时不可能做出的行为，都有本人自己的意义和原因，心理疾病是指由于人们的心理产生的冲突打破了**意识和潜意识**的平衡而引起的。因此人们通过对话和**沙盘**（►P39）的**造型**、**梦的解析**（►P98、P304～P307）等，试图找出潜意识背后隐藏的病因。

心理治疗没有特效药，发病的原因也是因人而异，即使对这个人有效，也未必对其他人有效，这就是心理治疗的难点。另外，即使精神科医生和临床心理学家说"你是这种病，就用这种方法治疗吧"，如果本人不认可，那么病情也不会有好转。因为单方面的强加于人会导致患者的阻抗。因此我们先要让患者明白病因，当患者具备了克服自己患病原因的意愿后，才能开始进行治疗。

❓ 详细解析

◉ 紧张性精神分裂症（Catatonic）

是精神分裂症的一种，症状表现为对呼唤等刺激毫无反应，持续做奇怪的动作，保持僵硬姿势等。相反，有的人也表现为刺激兴奋和攻击性的症状，也有这两种症状交替出现的情况。

◉ 同一化

不知不觉中把自己投射到其他事物上（人、物、场所、想法等）。比如，人们在卡拉OK唱歌时把自己想成自己最喜欢的歌手等就是同一化现象。

同一化是极为常见的现象，而完全没有相似之处，却表现出完全相同的**同一性**，可以说是同一化极端的状态。

同一化发生的过程

模仿对自己最重要的人，做出同样的行为就是同一化。以下就是形成这个过程的内容。

1 寻找对象的力比多遇到了困难
被自己喜欢的鞋店的年轻人抛弃了。

2 放弃这个对象
不得不斩断对年轻人的思念。

3 取而代之地把对象融入自我
模仿年轻人做鞋。

4 自我变得和对方一样
年轻人和自己同一化。

5 试图完成和对方的联结
年轻人和自己的联结变得牢靠。

＊力比多：本能的能量(性冲动)

3 由对话引出潜意识的词语联想法

荣格（▶ P110）实施的治疗方法中最有名的就是**词语联想法**。这个方法是医生连续念 100 个单词，然后让患者说出自己想到的词语，以此来**探索患者潜意识领域的心理内容**。

联想原本就是应用在精神医学领域的方法，而荣格所关注的是联想时的反应速度。以往只是关注联想时出现的词语内容，荣格则关注词语出现的速度和时间。

人们对于听到的词有时会马上联想到什么，而有时则不然。尤其是，当一个人说不出话来的时候，就说明他心中有某种让他痛苦而悲伤的**自卑感**（▶ P106、150、300）。如果能克服自卑感的话，人们的心理就会向着治愈的方向前进。顺便说一下，自卑感这个概念是荣格首次在心理学中使用的。

年轻时的荣格在苏黎世大学的伯格尔私立精神病院积极地进行了这项研究。在进行词语联系法的时候，患者对有些联想词会做出不同寻常的反应，包括反应时的延长、对反应词的再现错误、对反应词的重复，由此探索心理疾病的原因。

据说这个方法就是开发我们现在使用的**测谎仪**的由来。

❗ 必备知识点

◉ 罗蕾莱（Lorelei）

　　荣格在治疗一位患有精神疾病的女患者的过程中，发现了精神病患者看似支离破碎的言行中隐藏着潜意识信息的真相。

引起荣格发现这一理论的是一位"我是罗蕾莱"患者的发言。在一首德语歌曲《罗蕾莱》的歌词中有一句"我不知道那意味着什么",而这位女患者在接受检查的时候,医生刚巧说了和这句歌词一样的话。

由于医生只是说了"我不知道"这句女患者反复重复的不明所以的话。她的心里就把罗蕾莱的歌词和自己联系在一起,"我是罗蕾莱"就这样挂在了嘴边。罗蕾莱是一个女妖的名字,这位女患者深信自己是女妖。

由此荣格从一直被认为只是患有妄想症的精神病患者的言行中发现了**真相**所在。

何为词语联想法

我们试着用以下的单词进行词语联想吧。由下面的词语联想到的词逐一列举,并记录其反应词语和反应时间。第二次回答时,注意找出和第一次联想到的词语不同的词语。

联想中使用的单词(刺激语)

头	绿色的	水的	唱歌
死	长的	船	支付
亲切的	桌子	寻找	村子
冷	茎	跳舞	大海
生病的	自尊心	烹饪	墨水
坏的	针	游泳	旅行
蓝色的	煤油灯	犯罪	面包

4 人们集体潜意识里共通的形象"原型"

　　在各个不同的民族社会中，都有作为宗教、信仰对象的**神话**。尽管有些荒唐，但**荣格**（▶ P110）在继续治疗患者的过程中，从神话形象和患者的妄想里找到了它们的共同点。因此他认为人们的**集体潜意识**（▶ P110）中有人们共同拥有的普遍型，即**原型**（Archetype）。

　　具有代表性的原型有**伟大母亲**（Great Mother）和**智慧老人**（Old Wizman）、**阴影**（Shadow）、**阿尼玛**（Anima）、**阿尼姆斯原型**（Animus）、**小丑**（Trickster）、**人格面具**（Persona）等（▶ 如图）。

　　阴影原型是人体内本人难以接受的恶之原型。人格面具是人们在组织中扮演角色的心理。例如，你在公司呈现给同事的面孔和给家人或恋人呈现的面孔通常是不一样的，那是因为每个人都能根据不同的环境和角色创造出准确形象的人格面具。

　　在**荣格心理学**中，根据这些原型和潜意识象征的符号以及形象来探索潜意识的世界。

❗ 必备知识点

◉ 个性化过程

　　伟大母亲原型就不用说了，所有的**原型**都是帮助人们**个性化的过程**（▶ P284）。所谓个性化过程就是人们通过意识与潜意识间的相互作用而形成的成长过程。但是，人们真正开始思考这种个性化是从人生的后半期（人生的午后▶ P32）开始的。

　　例如，被母亲束缚多年的女性和大地母亲原型形成一体化，处于完全不了解自己的状态。但如果反过来拒绝接受原型的话，未来自己母性的一面就很难孕育。

　　这两者相互作用才能**自我实现**，以及个性化。也就是说，实现个体内在的可能性是获得更好人生的必备条件。

各种各样的原型

　　荣格把存在于集体潜意识中，任何人与生俱来的这种感受命名为原型。原型有很多种类型，以下是特别有名的。

伟大母亲 （Great Mother）		包容自己，同时束缚自己。以稳重母亲为原型的绳文时期土器的土偶等，就是原型的象征。
智慧老人 （Old Wizman）		优秀且严格的形象。传说中，有一位智慧老人为迷途的人指引方向，他就是这个传说（集体潜意识）中的原型。
阴影 （Shadow）		指潜意识中自我的负面形象。比如，看到邋遢的人（自己的影子）就会烦躁，是因为自己内心深处有着"邋遢的自我"。
阿尼玛、阿尼姆斯原型 （Anima、Animus）		Anima（阿尼玛）是指男人心中都有的女人形象，Animus（阿尼姆斯）是指女人心中都有的男人形象。比如，拥有大男子主义阿尼姆斯的女性在现实生活中会喜欢图中这样的男性。
小丑 （Trickster）		具有破坏权威，使其处于无秩序状态的特性。神话传说中喜欢恶作剧的人和小丑等就是这个形象。
人格面具 （Persona）		在古典剧中，演员使用的面具被称为假面（Persona），代表这个人在社会上所扮演的角色。也表示男性有男子气概，女性有女人味。

5 有意义的巧合——同步性

荣格（► P110）还发表过很多关于 UFO 和灵异等相关的**神秘现象**的论文。他的学士论文就是"如何解释神秘现象中的心理学和病理学"，从这一点也能看出他对于神秘现象的关心程度之高。

同时，他还和东方**易经**的宇宙观产生了共鸣，由此提出了**共时性**（►右面）、**同步性**（► Synchronicity 偶然的一致）的概念。这也被称为**有意义的巧合**。在日常生活中，事物的原因与结果以人们可看到的形式相互联系，荣格认为这即使是偶然的现象，也是具有意义的。

比如，你梦见自己经常乘坐的电车发生了事故，于是你决定放弃乘坐那辆电车。然而现实中那辆电车确实遭遇了事故。这虽然是偶然的现象，但也可以说是有意义的巧合。

在荣格的自传中记载，1909 年他拜访住在维也纳的**弗洛伊德**（► P98）时，经历过一件不可思议的事情。荣格向弗洛伊德请教有关自己感兴趣的超心理现象和预知方面的内容时，弗洛伊德认为这些是不可能的。

这时，荣格感到身体不舒服。很快，附近传来巨大的爆炸声。荣格说："这就是所谓的由媒介引起的**外在化现象**的一个例子。"弗洛伊德再次否定了这一点。不知为什么，荣格说："不是的，老师，您错了。我预言刚才那么大的声音会再次响起。"然后便又听到了很大的爆炸声。

❗ 必备知识点

◉ 周易和预知梦

荣格在研究将梦变成现实的**预知梦**时，他看到了德国传教士**卫礼贤**

（Richard Wilhelm，1873—1930）翻译的中国《易经》。

所谓易，是指在中国古代人们决定国家大事时使用竹签做占卜。由于在占卜时使用被称为八卦的图形，所以有"命中也是八卦，不中也是八卦"的说法。

荣格研究的预知梦是指具有**共时性（Synchronicity）**的梦。共时性是指两个以上的事件发生时具有某种意义的关联。即使是偶然现象，但因为是有意义的，所以也被称为**有意义的巧合**。在潜意识里感知到未来，所谓的**预感**也被认为是预知梦。

那么，荣格读过将周易占卜体系化的《易经》后，认为《易经》里有和预知梦以及"**原型**（▶P116）"的想法共通的地方。周易是可以人为地创造共时性的东西，它包含了人们所有的心理内容。另外，**荣格研究所**（▶P120）里有关于易经的讲座。

预感，还是巧合？

荣格认为，即便是在偶然一致的情况下，也有可能隐含着某种意义，因此将其称为同步性（Synchronicity）。

梦见电车脱轨。

现实中发生了脱轨事故。

从荣格继承并发展的心理学

弗洛伊德（▶ P98）不允许别人对自己的主张进行反驳，并不断地与后继者们发生争论。与此相反，荣格（▶ P110）于 1948 年在苏黎世设立了 **C·G·荣格研究所**，培养研究人员和后继者。现在，全世界具有**荣格派**分析师资格的达到了两千多人。据说他们为了获得这个资格，最少要花费 4 年的时间。

荣格派活跃的心理学家有对圣·埃克苏佩里的《小王子》进行研究的瑞士**玛丽 - 路薏丝·冯·法兰兹**（M.L.vonFranz，1915—1998），创立了原型心理学的美国**詹姆斯·希尔曼**（James Hillman，1952—），以及与弗洛伊德立场相近的伦敦学派**米歇尔·福德汉姆**（Michael Fordham）等人。

将荣格的心理学介绍到日本的是日本文化厅长官**河合隼雄**（1928—2007）。他也是一位心理学家，曾在 C·G·荣格研究所学习，是日本第一位具有荣格派分析师资格的人。他还在日本推广了**沙盘疗法**（▶ P39）。

另外，受到荣格心理学很大影响的是 20 世纪 60 年代创立的**超个人心理学（Transpersonal）**。

❓ 详细解析

◉ 超个人心理学

Transpersonal 是"超越个体"的意思。**超个人心理学**认为人们可以成长到自我超越的阶段。它融合了**禅**和**佛教**等不同文化中的思想。

这个学问领域继承了**弗洛伊德、荣格**等流派，特别是由意大利心理学家**罗伯托·阿塞吉奥里**（Roberto Assagioli，1888—1974）和以人本主义心理学闻名的**马斯洛**（▶ P296）等将其进一步发展。人本主义心理学是在当时的反战运动、大学纠纷等影响下，为了达成**自我实现**而进行的研究。超个人心理学不是用语言，而是通过**冥想、瑜伽**等身体体验来思考人的内心，比起理性更重视感性，从这一点来看，其极具东方特色。

荣格的继任者们

　　荣格为了将自己研究的心理学传授给后继者，设立了荣格研究所。由此新的心理学研究得到了进一步发展。

古典派	法兰兹等	一边观察患者的梦与神话、童话等之间的共同点，一边观察患者的心理变化。比如，他认为如果患者梦见脱鞋，那么就认为他像灰姑娘一样渴望白马王子。
原型派	希尔曼等	探索心理状态时，体会梦本身的印象。比如，对于梦见杀人事件的患者，告诉他那是集体潜意识中普遍出现的印象，并不是什么特别的事情。
发达派	福德汉姆等	是荣格派中，最接近弗洛伊德的观点。人们在幼儿时期和父母的关系，会成为长大后决定个体人格的决定性因素。
自我心理学	安娜·弗洛伊德、哈特曼、埃里克森	由弗洛伊德的女儿安娜·弗洛伊德等人提出的理论。自我是自律的存在，人们为了确立自我认同感而进一步发展。
在日本的发展	河合隼雄	他试图从《日本书纪》《古事记》等日本神话和《源氏物语》中寻找日本人的集体潜意识。

高明的求人办事的说法是哪个？

当你特别着急想复印时，有人已经先用了复印机。那么你想加塞复印，能获得对方许可的请求话语是下面哪句呢？

1 "因为我很着急，请让我先用吧。"

2 "因为我必须复印，所以请让我先用吧。"

3 "请让我先用吧。"

解答

答案是❶和❷。像❸那样突然要求对方的话，对方首先会感到闷闷不乐。

使用❷时虽然不能成为自己使用的理由，但是和❶一样，由于"因为的效果"，所以对方许可的概率变高。

"因为……"这样的说法是找个适当的借口请求的方法。这样的说话方式，对方多半会同意。即使没有明确的根据，对方也会觉得这样比较好。

人们成长过程中的心理学

生理性早产，从头部向下发育

　　根据瑞典动物学家**阿道夫·波尔特曼**（Adolf Portmann，1897—1982）的说法，哺乳动物分成两种，一种是像大型动物那样出生后马上就能像父母一样行动的动物（**离巢性**），另一种是像小型动物那样出生时还不成熟、无法行动的动物（**就巢性**）。人类虽然属于大型动物，但由于是在运动能力未成熟的状态下出生的，所以虽然是哺乳类，但也被认为具有**二次性就巢性**。原本是 21 个月出生的人类，大脑的发育优先于身体的发育，所以 10 个月就出生了，这种情况被称为**生理性早产**。

　　人出生后的成长过程是从头部至下部，由中心到末端逐渐发展的。比如，孩子的脑神经系统在**婴儿期**表现出显著的发展，6 岁的时候成长到接近成人的重量。婴儿从抬头、翻身、坐起、走路的发展过程也遵循着从头部向下部发展的顺序。

　　新生儿从出生后就会笑，但刚出生的婴儿，不管是哭还是睡觉，看起来像是笑的样子是**本能的微笑，也就是生理性的微笑**。向周围的人露出笑脸是**社会性微笑**，这是从婴儿出生后的 3 个月左右开始出现的。

　　这些身体机能的发展时期，因身体部位的不同而有所差异，是缓慢、循序渐进的过程。另外，发展的程度也有个体差异。

　　总而言之，通过生理性早产出生的人类，在动物中可以说是非常特殊的存在。

❗ 必备知识点

◉ 反射运动

　　是给予末梢神经刺激导致发生的反应，与知觉、意志等意识无关。具有代表性的反射有人们吃惊时瞳孔张开的**瞳孔反射**。还有只在新生儿时期能看到的**原始反射**，这是为了能应对外界刺激而与生俱来的反应，有以下几种：

● **握持反射（达尔文反射）**：当新生儿的手掌碰到物体时便用力握紧。

● **吸吮反射**：手指一放进嘴里就会吸吮。即便睡觉时也想吃奶就是因为这个反射。

● **拥抱反射**：脱衣服或听到很大的声音时，就像吓一跳一样举起双手，然后抱住双手。

● **巴宾斯基反射（足底抓握反射）**：一摸脚底，脚趾就会张开。

● **引起反射**：如果抓住双手准备起身，脖子、胳膊、腿就会弯曲并做出起身的姿势。

● **踏步反射**：婴儿被竖着抱起，他们会做出身体前倾，双脚交替的动作，像走路一样。

婴儿的独自行走

尽管存在个体差异，但一般来说，婴儿的运动神经发展如下所示。

新生儿	放进嘴里的东西就吸吮，一摸嘴唇就伸出舌头的反射，自发运动（出生后到第4个月）
2个月	趴在地上抬起头和肩膀
3个月	脖子竖起，开始社会性的微笑
4个月	脚会绷直，伸手取东西
6个月	翻身
7个月	坐起
9个月	扶着物体站立
10个月	爬行
12个月	独自站立
15个月	独自行走
1岁半	独自玩耍

依恋构成亲子间的纽带

我们要想孩子健康地成长，建立基于爱的信任关系是必不可少的。其中最重要的是婴儿出生后到 3 岁左右建立的亲子关系，也就是**依恋**。

这个词语最早是由英国儿科医生**约翰·鲍比**（John Bowlby，1907—1989）在其研究成果发表时使用的。他研究了依恋形成的过程（父母和孩子建立牢固的纽带阶段），并把这个过程分成 4 个阶段（▶如右图），他发现婴儿在各个时期对对方的依恋方式都有所不同。尤其是出生后 3 个月左右，最大的特点就是他们的对象并不局限于父母，而是很多不特定的对象。刚开始他们和谁都能接触，但由于个体有差异，他们在 5 个月左右时会突然认生也是因为这个特点造成的。

孩子为了让父母的注意力和关心转移到自己身上，他们会表现出哭、微笑、搂抱、追赶等行为。这些行为被称为源于依恋的**依恋行为**。

美国心理学家**玛丽·爱因斯沃斯**（Mary Ainsworth）把依恋分成三种类型。**A 类型（回避型）**，会表现出想要躲避父母，就会选择不与父母发生关系的行为。**B 类型（安全型）**，在见到父母后会积极地与父母进行接触，以父母为活动据点。**C 类型（矛盾型）**，一方面寻求父母强烈的爱，另一方面对父母表现出敌意，拥有冲突的情感。

依恋在孩子的成长期形成，并持续一生。从这个意义上来说，建立亲子间的纽带也是非常重要的。

Psychology Q & A

Q：出生 5 个月的儿子不怎么哭也不怎么笑。我担心他无法表达自己的情绪。

Ａ：这可能是所谓的**无症状婴儿**。婴儿通常喜怒哀乐都很明显，而这种是未发育成熟的情况。这是母亲和婴儿的接触不足造成的，这种没有依恋的状态被称为**母爱剥夺**（Maternal Deprivation）。首先你要好好地拥抱孩子，进行肌肤接触。

❗ 必备知识点

◉ Imprinting（印记）

澳大利亚动物学家**康拉德·洛伦茨**（Konrad-Lorenz，1903—1989）发现的现象。鸟类中，出生时成熟度较高的鸭子、鸡等，在孵化后立刻对受到的刺激有追赶和靠近的倾向。比如，即使不是母亲，只要有人类或其他动物靠近，它们也会表现出亲近等行动。这种现象也出现在人类身上，并得出结论，婴儿在出生后的一段时间内，存在着认识自己的父母并进行烙印的敏感期。

依恋形成过程

根据鲍比的说法，依恋的形成可以分为以下 4 个阶段。

第1阶段（出生～3个月）

无差别的社会反应

婴儿对任何人凝视，或微笑，还未形成依恋。

第2阶段（3个月～6个月）

有差别的社会反应

婴儿能在很大程度上识别人，只对母亲、父亲等经常照顾自己的人做出反应。

第3阶段（6个月～2岁）

真正依恋的形成

跟在母亲后面，对陌生人既警惕又害怕等。在这个阶段形成依恋。

第4阶段（3岁以后）

修正目标的协调关系

能够理解父母行为的理由和计划，能够在短时间内等待父母，形成自立的过程。

依恋理论：
3岁儿童神话的科学依据

有过育儿经验的人可能都听说过"**3岁儿童神话**"这句话。所谓3岁儿童神话是指母亲没有把孩子养育到3岁的话，就会对孩子的将来有不好的影响。这句话是作为战后日本社会的普遍观念流传下来的育儿观。

3岁儿童神话最早来自英国儿科医生**鲍比**的**依恋理论**（▶P126）。他认为第二次世界大战遗留下来的战争孤儿有精神发育迟滞的现象。其主要原因是与母亲分离的家庭环境有关。另外，他还根据**洛伦茨**的**印记**（Imprinting ▶P127）行为提出了**母爱剥夺理论**，他认为**依恋行为**是更适合生存的行为。

最近社会上又出现了3岁儿童神话现象，这是因为边工作边养育孩子的女性不断增多，越来越需要女性能兼顾就业和育儿这两个方面，因为她们害怕会对孩子的发展造成影响。

但是，几乎没有心理学、流行病学的调查报告支持3岁儿童神话。1998年日本的《厚生白皮书》中记录道："3岁儿童神话不被认可，因为没有合理的根据。"2005年日本文部科学省的"情感的科学解释和教育等相关应用研讨会"中提出"孩子的情感发展持续到3岁左右，在这之前母亲和家人的关爱，可以培养孩子的稳定情绪，使其在此基础上得到更好的发展。"

❗ 必备心理学

◉ 3岁儿童神话与脑科学

在**脑发育**的研究中，每个**神经元**（神经细胞）的**突触**（神经元之间相互接触的部分）数量在婴儿出生12个月左右达到顶峰，相当于成人水平顶峰的三分之二，之后便逐渐减少。也就是说，大脑的基本网络在婴幼儿时期最鼎盛。

由此可见，婴幼儿时期的育儿环境会影响到孩子的大脑发育。20世纪80年代，为了在早期给孩子们适当的刺激，美国还出现了"从1岁到3岁（Zero to three）"等主题活动。

● **三岁看大，七岁看老**

在东方有这样的谚语"三岁看大，七岁看老"。日本《广辞苑》将之解释为"幼儿时的性格到了老年后无法改变。"虽然这句话不一定是体现养育孩子重要性的谚语，但在3岁儿童神话中确实是有很好的题材。顺便说下，和这个相似的谚语还有"从小养成的习惯，到老难以改变。"

3岁儿童神话的背景

3岁儿童神话是指如果母亲没有把孩子养育到3岁的话，就会给孩子的未来带来不好的影响。战后，这句话成为日本的社会传统观念，产生这句话的背景有以下三点。

1 **鲍比的依恋理论**

亲子依恋在3岁左右建立(▶P126)

2 **三岁看大，七岁看老**

谚语。小时候的性格和习惯直到老了也无法忘记。

"不喝茶吗？"

3 **脑科学**

大脑的发育在婴儿出生12个月左右达到顶峰。幼儿期的育儿环境很重要。

这也是经验。

从游戏中培养孩子的想象力

孩子会做出大人无法想象的想法和行为，这样的想法和行为都是通过游戏掌握的。其中最具影响的是**模仿游戏**，也被称为**象征性游戏**、**角色游戏**。模仿游戏的代表有**过家家**。

孩子在整个婴幼儿期都会对成人产生依恋。这也是希望自己像成人一样快点长大的心情表现。然而，在现实生活中，孩子却无法像成人日常生活中那样活动。最适合填补这种差距的就是模仿游戏。

瑞士心理学家**让·皮亚杰**（Jean Piaget，1896—1980）把孩子在游戏成长阶段的变化称为认知发展理论，划分以下三种。

① 机能游戏（2 岁前）：

没有目的地活动手和头，这就是游戏。如婴儿睡觉时，摇动眼前绳子上的装饰等。这种游戏不仅限于婴儿期，成人在买了自己喜欢的车时，开着它到处炫耀自己对车的知识和技术等，也可以说是这种游戏的一种。

② 象征性游戏（2~7 岁）：

这类游戏是一个人玩，即便两个人在一起，做的事情也大多是不同的。比如让人偶等躺在自己的床上睡觉。模仿游戏属于这个类型。

③ 规则游戏（7~12 岁）：

需要两个人以上玩耍，这是将象征性游戏更加规则化的游戏。比如捉人游戏和捉迷藏。

对孩子来说，游戏也是重要的学习。

✳ Psychology Q & A

Q：有什么有效的方法可以让孩子自然地学习事物，而不是强迫他们学习吗？

A：孩子总是不按照父母的命令行事。比起命令，让孩子模仿身边的人（父母、亲戚、朋友等）来进行教育更有效果。像这样对照榜样，模仿其动作和行为叫作**模仿**。孩子3岁左右开始模仿成人的行为会变得很明显，父母也可以试着反思一下自己，让自己成为孩子的好榜样。

❗ 必备知识点

◉ 心流体验

指埋头于开心的事情时产生的忘我感觉。由美国心理学家**米哈里·契克森米哈赖**（Mihaly Csikszentmihalyi，1934—）提出的。**心流体验**的构成要素有以下八个部分：具有一定的胜任能力，明确的目的，全神贯注、注意力集中，即时的反馈，自觉、深入投入行动中，能从体验中感受到乐趣、自己控制的自由感，浑然忘我，突破时间的限制感。

皮亚杰的游戏发展阶段论

皮亚杰把儿童游戏划分成三个阶段，这些游戏伴随着儿童的发育而认知发展阶段不同。

① 机能游戏（2岁前）

没有目的地活动手和头，这就是游戏。婴儿总时不时地去寻找不见的东西。

② 象征性游戏（2～7岁）

这类游戏是一个人玩，即便是两个人在一起，做的事情也大多是不同的。模仿游戏属于这个类型。

爸爸，吃饭啦。

③ 规则游戏（7～12岁）

这类游戏需要两个人以上玩耍，是将象征性游戏更加规则化。比如捉人游戏和捉迷藏等。

找到你啦。

控制欲导致父母虐待孩子

日本厚生劳动省在 2008 年进行的调查数据显示，日本全国的儿童咨询所接待的虐待儿童咨询数量首次超过了 4 万件。父母为什么要虐待自己本该倾注所有去爱的孩子呢？

人们都想按照自己的想法让对方行动，或是支配对方，任何人都有这样的**控制欲**。日复一日的**压力**和**心理创伤**（▶ P222）给人们带来的痛苦越来越深，这种支配欲就会被刺激，于是人们会逼迫比自己弱的人屈服，或是试图冲撞对方。这就是**虐待的机制**。

虐待在任何关系中都会发生，最严重的是亲子之间的虐待。在职场中你可以逃避，但是亲子间的虐待你是无法逃避的。

虐待会以暴力或言行的形式体现，但有时也会以**漠不关心**的形式出现。父母尽管在经济上没有任何问题，却不给孩子提供成长所需的食物和衣服，不让孩子上学等，这被称为**疏于照顾**（Neglect）。虐待以各种各样的形式体现。

最近，监护人之外的成人实施的**儿童虐待**（Maltreatment）也受到关注。

孩子即使受到虐待，也只能默默忍受，但即便如此他们也会继续寻求父母的爱。而且受到虐待的孩子大多会隐瞒。所以我们必须和自己的控制欲抗衡，并克服它。这也是父母对孩子应尽的义务。

❗ 必备知识点

◉ 防止虐待儿童法

日本在 2000 年 5 月通过的法律中提出应发现和预防被虐待儿童（身体上、心理上的暴力，猥亵行为，疏忽照顾，对虐待置之不理等），对儿童进行了适当的保护。

但是，由于对近年来儿童虐待致死事故等未能有效应对，2008年4月日本修正了防止虐待儿童法。

在修改法中，增加了对有虐待嫌疑的监护人实施传唤、儿童咨询处的职员可以强制介入调查、禁止监护人接见为了与监护人隔离而进入福利院的孩子等。

◉ 安全基地

这个词是由**鲍比**（P126）提出的，对孩子来说，这是用来形容母亲的词语。和母亲有健全**依恋关系**的孩子，在情绪上能稳定下来孩子一开始总是黏着母亲，不过，在这个过程中，他一边把母亲作为安全基地，一边探索扩大自己的活动范围。

各种形式的虐待儿童

根据日本防止虐待儿童的相关法律，父母等监护人对自己监护的未满18岁的孩子采取以下行为，被称为虐待儿童。

身体虐待	对孩子施加身体上的暴力，会让孩子有外伤体验、对他人产生不信任感。
心理虐待	对孩子造成精神上的伤害，会让孩子萌生自我否定的情绪。
性虐待	把孩子作为性对象，会让孩子感到自己的身心受到伤害。
疏忽照顾	因为不照顾孩子，有可能给孩子带来生命危险。

虐待儿童咨询数量的增长

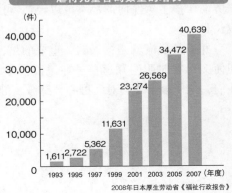

（件）

年度	件数
1993	1,611
1995	2,722
1997	5,362
1999	11,631
2001	23,274
2003	26,569
2005	34,472
2007	40,639

2008年日本厚生劳动省《福祉行政报告》

孩子撒谎是社会发展健全的证据

我们从小就被教育"不能**说谎**"。但是，长大后就会明白"说谎也是权宜之计"。比如，收到不想去的邀请时，以"对不起，今天很忙"为由拒绝是为了避免在人际关系上引起麻烦。除此之外，人们被斥责自己做得不好时所找的借口，为了让自己看起来更好的虚荣而说出的谎言。这都是为了保护自己而说谎，从心理健康的意义上来说也是很重要的。

同样，孩子也会说谎。**说谎是孩子在社会发展健全的证据**。美国心理学家**迈克尔·霍特**说："当孩子第一次对父母说谎的时候，孩子就能从父母的绝对束缚中获得自由。"

可以说孩子们通过说谎来主张自己的观点，这也是他们迈出**自立的第一步**。如何说谎，以及洞察对方对谎言的理解程度也可以说是一个成长的过程。

"为什么要说谎！"父母经常斥责孩子。纠正孩子的错误并进行教育，不仅是父母，也是全体成人的责任。但是，如果一味地严厉训斥孩子"任何谎都不可以说"，可能会扭曲孩子健全的自我成长。

并不是说谎就是错误的，重要的是，根据当时的情况来判断。即便父母有时明明知道孩子在说谎，却以对待成人的态度去对待他们，这样孩子才会对父母心怀感激，健康地成长。

❊❊ **Psychology**
Q & A

Q：女儿一到考试前，每天只是帮忙做饭和打扫，就是不学习。如果考不好，就会找借口说是因为自己帮忙做家务，所以没有时间学习。这是什么原因呢？

A：从研究逃避成功的人的心理来看，这是**自我设障**（Self – handicapping）**理论**。自我设障是指当你没有自信去完成某件事时，故意设定一些过高的目标或不利的条件（Handicap），使得你很难成功。

由此，如果成功的话，别人的评价会比没有障碍的时候更高。比如被夸奖"你帮我做了那么多家务活，考试成绩还这么这么好"。

但是，现在您的女儿好像还没有成功。所以自我设障就是欺骗自己。试着让您的女儿意识到这一点，怎么样？

人们的 12 种谎言

人们会使用各种各样的谎言，谎言被分成以下 12 种类型。

1 防御线	**2** 合理化
比如，在约定见面的时间里安排别的事情等。	失败时找借口。
3 当场逃脱	**4** 利弊
无奈地说了根本不存在的谎。	为了让自己获得金钱上的利益而撒谎。
5 撒娇	**6** 隐瞒罪行
为了寻求别人对自己的理解而说谎。	为了隐瞒罪行而说谎。
7 能力、经历	**8** 虚荣
为了比对方有优势，做虚假的自我介绍。	为了满足自己的虚荣心而说谎，粉饰自己。
9 体谅	**10** 欺骗
为了不伤害对方而说谎。	嘲笑、欺骗，"陷阱式问题"等。
11 误会	**12** 违背约定
由于知识不足等原因，虽然不是故意的，但最终还是说谎。	约定没能实现，虽然不是故意的，但最终还是说谎。

涉谷昌三《通晓心理学的书》（KANKI出版）

重视自尊感，用"糖果"与"鞭子"激发干劲

当自己的孩子做了坏事时，父母会训斥他们。如果孩子在考试中得了 100 分，或者做了好事，父母则会表扬他们。不管是批评还是表扬，父母首先要注意培养孩子的**自尊感**（也叫**自尊心**，是指不否认自己的缺点和弱点，专注于自己喜欢的事情，认为自己是有价值的心理状态▶ P288 ）。自己是有价值的这种自尊感能让孩子树立自信，给予他们积极面对事物的态度。可以说**自尊心是人格形成的基础**。

培养孩子的自尊心需要父母温和的态度。如果要批评的话，父母要认真地用心解释哪些不好，认真的批评是很重要的。表扬的时候，也同样要说出理由。如果只是一味地训斥，孩子会变得被动；如果只是一味地表扬，孩子也会变得骄傲。

自尊心是**干劲**（ ▶ P180 ）的基础。也就是说，正因为有了自尊心，才会萌生干劲。责备和表扬被称为**外在动机**，是外部干劲的源泉。只靠外在动机是无法真正养成学习的习惯和干劲的。我们需要**糖果和鞭子**的理论。让孩子认识到，眼前的学习和人际关系的重要性、遵守社会规则的意义等，让孩子自己产生内在的好奇心和探索心。这就是**内在动机**，也可以说是来自内部的干劲源泉。

对孩子的教育既要让其萌生内在动机，也希望通过外在动机，激发他们为了达到目的的干劲。

❗ 必备知识点

◉ **皮格马利翁效应**（Pygmalion Effect）

按照父母和老师的期待，提高孩子成绩的心理效应，也称为**教师期待效应**。

皮格马利翁这个词来自一个传说，古希腊神话中塞浦路斯的国王皮格马利翁，他希望自己迷恋的女性雕像加拉提亚能成为现实中的女性，于是女神阿弗洛狄忒把雕像变成了人。

由此产生了**加拉提亚效应**一词。这个词代表父母和老师对孩子拥有肯定的期待，这样孩子就会自我成就。

另一方面，如果父母和老师总是给孩子负面的评价，孩子就会变得无用，这就是所谓的**戈莱姆效应**。戈莱姆是一个泥娃娃。

● 成就动机

达成目标的动机。**成就动机**高的人即使遇到困难，也会努力克服。他们很独立，为了解决问题设定目标，也不会感到很困难。也就是说，成就动机在激发干劲方面非常重要。

激发孩子的干劲

对于孩子的发展、成长来说，干劲是重要的因素。

外在动机

训斥、表扬，通过外部的压力来激发孩子的干劲。

内在动机

这是由好奇心和探索心而引发的。孩子自己设定目标，并为达成这个目标而努力。

5 从团体时期的游戏中学习社交

孩子们通过独自玩耍和**象征性游戏**（▶P130），到 7 岁左右就会和合得来的伙伴一起玩。游戏的内容也从一个人玩的转变成团体玩的。分组过程中可能会有冲突，也有可能会和其他小组发生争吵。对孩子来说，这是非常好的经历。因为他们能够学习与他人相处的方式，还能学到基本的社会规则，同时，这也是促使孩子们从父母那里获得心理自立的机会。这个时期被称为 **Gangster age（团体时期）**。

到了小学后半阶段，孩子们的同伴意识增强，形成了**封闭的集体**，使用只有伙伴间能看懂的**口令**和**暗号**，并分别担任组织者、联络员等角色。《**汤姆·索亚历险记**》和《**少年侦探团**》等可以说是儿童团体时期的典型故事。

随着网络的普及，简单易玩的电子游戏得到广泛发展，在现实生活中集体玩耍的必然性消失了。令人遗憾的是团体时期正在逐渐消失。越来越多的孩子只和几个人一起玩，甚至有些孩子不能和朋友一起玩。可以预想，那些在儿童期没有进行过集体玩耍训练的孩子们，长大成人后在人际关系上会感到很烦恼。最坏的情况是他们不能遵守社会规则，甚至会和他人引发纠纷。因此，儿童时期的团体游戏经历是很宝贵的。

❗ 必备知识点

◉ 社会化

是指一个人为了适应社会生活而掌握必要的知识、价值观、习惯、语言、道德等的过程。人们实现**社会化**的过程中，其家庭、工作单位、学校等周围人都会对其产生影响。

团体时期，就是社会化的时期。在集体生活的过程中，之前一味依赖父母的孩子会建立更加平等、互助的人际关系。

◉ 去中心化

这是儿童期的发展阶段，**前运算阶段**（2~6岁）的孩子有**以自我为中心**的特征，而失去这个特征叫作**去中心化**。这里所说的自我为中心并不是我们常说的**自私**（利己主义）。因为幼儿还不具备区分自己与他人的能力，无法理解他人的感情，所以要以自我为中心进行思考。因此，经历了去中心化的孩子能够逐渐认识到他人的存在。

团体时期是迈向社会化的第一步

团体时期是指6~12岁的儿童时期，孩子们通过玩耍形成的团体。团体非常封闭，同伴之外的孩子无法加入到这个团体中。而伙伴之间也会形成强烈的情感纽带。

帮派时期

共享秘密的集合地点、口令、暗号、特定游戏等的小团体。有时也会以反抗权威的形式脱离小团体。

现代城市的孩子们

随着城市小区生活的变化，一起游戏的空地逐渐消失，越来越多的孩子们依赖于游戏和网络独自玩耍。

6 叛逆期才是孩子的成长期

　　原本乖巧听话的孩子，突然变得很烦人，这就是**叛逆期**。但如果我们能正确理解这个过程，就没必要那么紧张了。

　　我们一生中一共有两次叛逆期。**第一叛逆期**发生在 2~3 岁，自我觉醒的时期。这是一个以自我为中心，想要实现自己欲望的叛逆期。在父母看来，也有他们无法控制的部分。但是这也是孩子发育的表现。有一个例子告诉我们，在这个时期能够明确表现自己的反抗意向的孩子，他们在**儿童时期**会成为明确表达自己意愿的孩子。

　　在 12~17 岁的**青春期**，孩子开始关注自己的内心活动，会出现**第二叛逆期**。这个时期也是他们在成人和孩子之间摇摆不定的时期。因此，在青年前期孩子们通常会表现出否定的态度和意向。在心理学上，这被称为**消极倾向**。他们全盘否定父母和老师所说的话，可以说这是他们对儿童期社会性发展的**逆反性**表现。

　　在第二叛逆期，儿童会摆脱对父母的依赖，走向独立自主，对父母形成**心理上的断奶**（▶右面）。自立有**精神上的自立、经济上的自立、生活上的自立**，叛逆期可以说是他们为成为大人所必需的精神上的自立做准备。

　　但是最近也有孩子离不开父母，同时父母也离不开孩子的情况发生，我们也陆续听到担心孩子的自立迟缓的声音。

❗ 必备知识点

◉ 心理反抗

是指当自己的意见和行为被别人限制或强制的时候会发起反抗，想要坚持自己的意见。尤其是处在叛逆期的孩子，这种倾向尤为明显。比如，父母越是说让孩子学习，孩子就越会反抗，不想学习。

React 是物理专业术语，有**反抗、反攻**等意思。

❓ 详细解析

◉ 心理断奶

美国心理学家 **L·S·霍林沃思**提出的概念，是指儿童处于**发展阶段**中**青春期**特有的心理状态。这并不是指实际哺乳的阶段，而是儿童在心理上和父母"断奶"，多见于**第二叛逆期**。

这个时期，孩子会因为想要自立而反抗父母。他们想要确立能独当一面的自我，因此精神上变得焦躁，容易变得不安，但也是和有同样烦恼的同龄人分享心情的重要时期。

叛逆期是任何人成长的必经之路

叛逆期是儿童表现出否定或拒绝的态度及行为的时期，是成长过程中任何人都要经历的路，与自我发展密切相关。

第一叛逆期（2~3 岁）

什么时候都说："我不！我不！"

- 重要的成长过程
- 看似任性的行为是儿童自主性和表现力的体现

第二叛逆期（12~17 岁）

对权力的反抗＝反抗父母和老师

- 和伙伴、朋友之间的平等感变得重要
- 长大成人的必经阶段

青春期的第二性征是孩子对"性"的觉醒

儿童进入**青春期**后开始在意的是异性。我们每个人都有过这样的经历——莫名地意识到异性的存在，心里就像小鹿乱撞一样"咚咚"直跳。

儿童**身体的性成熟**在这个时期尤为明显。男孩的肩膀变宽，肌肉发达。会有初次射精，开始长体毛和胡子，喉结变大，开始变声等。女孩的腰会变粗，皮下脂肪堆积，身体呈现出女性的曲线美。乳房也逐渐发育，并迎来了月经初潮。这种身体特征的发育被称为**第二性征**。顺便提一下，**第一性征**是指孩子一出生就能看出的男女差异。

在第二性征期，人们的精神状态开始从孩子向成人转变。他们也会对一直没有感觉的异性产生性方面的好奇心，为情所困、心烦意乱也可以说是从这个时期开始的。他们希望能和喜欢的人发生肢体接触，希望能得到对方的喜爱。

另外，有的孩子会对自己的身体感到不知所措，对于身体早熟，心里会有一种优越感；但也有的孩子因为害羞而变得畏缩不前。相反，如果是发育迟缓的孩子，就会产生自卑感，这也有可能导致不良的行为。

青春期是儿童无论身体上还是精神上都向成人过渡的时期。因为和**第二叛逆期**（ ▶P140 ）的时期重合，因此对异性认识的觉醒也是各种各样的因素交织在一起产生的。

❗ 必备知识点

◉ 发育加速现象

现在孩子身体成长的速度比以前快多了。

例如，月经初潮和初次射精的时间越来越早。孩子们比父母更早地迎来**性成熟**时期，这被称为**成熟期前倾现象**。

发生发育加速现象的原因是人们生活方式的西方化，孩子们周围的食物品种增多了，营养状态变好了。另外，随着城市化的推进，各种各样的城市化现象，唤醒了孩子们的发育神经。

另外，随着交通的便利，不同国家和地区之间的人结婚（**多形式结合**）的机会增加了，因此出生的孩子也会有遗传基因上的变化（**混血优势**）。

近年来发育加速现象不如以前，这或许也是发育加速现象本身趋于稳定化的表现。

开始为成人做准备

随着青春期的到来，儿童的身体发生了变化。这就是第二性征。

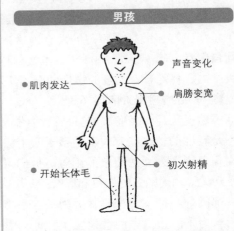

男孩

- 声音变化
- 肌肉发达
- 肩膀变宽
- 初次射精
- 开始长体毛

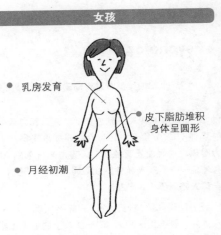

女孩

- 乳房发育
- 皮下脂肪堆积身体呈圆形
- 月经初潮

婴幼儿时期担忧的轻度发育障碍

幼儿期 **8**

在**婴幼儿时期**，由于受到各种因素的影响，会产生发育迟缓或畸变等，造成心身障碍。这就是**发育障碍**。**轻度发育障碍**（▶右图）是指没有伴随智力障碍的发育障碍，如**阿斯伯格综合征（高功能自闭症）**等。根据 2002 年日本文部科学省进行的"关于普通班级中需要特殊教育支援的学生的全国实际情况调查"，显示有轻度发育障碍的学生比例高达 6.3%。

虽然说法是"轻度"，但只要智力发育不正常，那么障碍本身就不是轻度的。这些有残疾的孩子看上去和正常人一样，但本人却面临着周围人无法想象的困难。他们可能被孤立起来，有时也会受到父母和周围人的欺负和虐待。

郁闷的心情不断积累，因为一点小事他们就会做出反社会的行为。为了防止这样的事情发生，他们需要父母和社会的理解和温暖的对待。

❋ Psychology Q & A

Q：犯罪少年如果是有**发育障碍**的疾病，那就没有办法吗？

A：关于少年犯罪，到底是罪，还是精神疾病，这是个棘手的问题。酒鬼蔷薇圣斗事件（1997 年日本神户儿童连续杀害事件）等犯了罪的少年最常背的名就是**行为障碍**。在**轻度发育障碍**中，这是一种常见 **AD/HD（注意缺陷多动障碍）**孩子的并发症——具有**反抗性挑战障碍**的症状。还有一部分行为障碍的儿童会发展成**反社会型人格障碍**（▶ P229）。

行为障碍和不良行为的区别并不明确，对于将其视为精神疾病的看法褒贬不一。另外，社会上人们对 AD/HD 孩子的偏见也根深蒂固，人们有必要普及有关这种疾病的正确知识。

轻度发育
障碍

　　虽然说法是"轻度"，但因为症状不是轻度，所以人们对这个名称有各种各样的意见。

轻度发育障碍的特征

❶在幼儿期到青春期被确诊。
❷是精神上的问题，还是身体上的问题。这种情况持续到何时，发病原因都无法断定。
❸语言功能、独立生活能力、自我管理、学习等各方面的功能受到限制。

轻度发育障碍类型

广泛性发育障碍	自闭症、高功能自闭症、阿斯伯格综合征等。沟通不畅。
AD／HD	Attention Deficit／Hyperactivity Disorder 的简称，注意缺陷多动障碍。 无法保持安静，来回走动，注意力不集中。
LD	Learning Disorder 的简称，学习障碍。 读、写、说、计算等其中的一部分能力较差。 中枢神经功能障碍。
轻度智力障碍	以前被称为精神迟滞。 IQ分数是 50~75 分，社会适应能力较差。
发育性协调障碍	天生脑部有障碍，笨拙，不擅长运动。 容易患 AD／HD 和 LD 的并发症。

自我认同的觉醒和延迟

我们成人后都会思考自己存在的意义，会思考这些问题：我是谁，我将来会成为什么样的人，我做什么样的工作好。

当我们认真地面对这些疑问并给出答案时，我们的内心就会构筑起坚固的自我。美国心理学家**爱利克·埃里克森**（Erik H Erikson，1902—1994）把这个称为自我**认同**（日语翻译为**自我同一性、自我存在证明**）。

青春期自我认同的确立，在人类的发展过程中发挥着不可替代的作用。但是，如今越来越多的人即便已经成年了，也没有确立自我认同，无法摆脱对父母的依赖。日本精神分析学家**小此木启吾**（1930—2003）把这样的人起名为**延期偿付的人**。延期偿付是"暂时停止"的意思。虽然人们无论在智力还是身体上能够独当一面，但却逃避作为社会人应该履行的义务和责任。虽说原因在于社会环境的变化，但结果却导致即使工作但也不固定职业的**自由职业者**和**啃老族**（既不工作也不学习的人▶P154）的数量不断增多。

以前，到了某个年龄，我们就会面临就业、结婚、育儿等确立自我的问题。但是现在，越来越多的人即使成为独立的成年人也无法决定应该做什么。埃里克森把这类人的心理状态叫作**自我认同扩散（同一性扩散）**（▶下面）。

❓ 详细解析

◉ **自我认同扩散（同一性扩散）**

　　埃里克森提出的，是指人们人格发展中的青春期社会心理危机。这种状态的人被称作**延期偿付的人**。

埃里克森发现青春期的年轻人具有以下特征。

● **自我认同（自我同一性）意识过剩**：过度拘泥于自己（变得自我意识过剩）而失去自信。

● **否定性身份的选择**：想要否定社会期待的想法。

● **时间展望的扩散**：时间观念变迟钝，无法想象未来，出现了自杀的倾向。

● **两性的扩散**：为是否确立了性别同一性而感到烦恼，对异性产生恐惧等。

● **理想的扩散**：由于人生拥有过多的理想，反而会导致价值观混乱。

● **权威的扩散**：服从组织、权威，抑或厌恶组织、权威，不能起到适当的作用。

● **劳动麻痹**：沉迷于兴趣等，不能专心学习等。

延迟偿付的人的特征

以前的年轻人的意识是如何转变为"延期偿付的人"的呢？

过去的年轻人	延期偿付的人	
半吊子意识	全能意识	不认为自己还差得远，毫无根据地深信自己什么都行。
禁欲的	解放的	不过禁欲的生活，沉溺于消费和性。
修行感	游戏感	比起学习更享受业余时间，在游戏里找到自己的价值。
同一化	隔阂	无法将自己与社会同一化，冷眼看社会。
正视自我	自我分裂	不内观自己的心理，一味追求理想。
对自立的渴望	无意识的冷淡	不想自立，对社会活动漠不关心。

同一性扩散的状态

心理学揭示喜欢与爱的区别

你以为是在和对方谈恋爱，但其实只是单纯的朋友。这对本人来说并不是笑话，但是**喜欢（好感）**和**爱（恋爱）**的区别是很难判断的。

美国心理学家**齐克·鲁宾**分析认为，任何人都想知道这两者间的差异。据他讲，喜欢代表尊敬、单纯的好感和亲近感。对对方感到尊敬，觉得他和自己很像，只是单纯地认为对方是个不错的人等，这就是喜欢。

相反，爱是由独占、依赖、自我牺牲等关键词组成的。这种感情就像感到自己没有对方就无法思考自己的人生，也不想把自己的人生交给其他人，为了对方什么事情都可以做，情感的强烈是重点。

鲁宾将实际生活中的情侣作为对象，调查了他们的尺度是否正确。结果表明，好感和恋爱是完全不同的。另外，对于男性来说，对方很有可能由女性朋友变成恋人，而女性则会明确区分恋爱和友情。

很多男女都希望对方是爱的对象，而不是喜欢的对象。这时**Aha 体验**（▶右面）就派上用场了。无论是工作还是玩耍，都会让人们有"太棒了"的瞬间。在男女关系中，我们也会有一下子贴近对方内心的时刻。这就是 Aha 体验。如果我们能注意到对方的细微变化，适时应对的话，也会有助于对方**产生好感的回报性**（▶ P18），那么恋爱的机会也会提高。

❓ 详细解析

◉ Aha 体验

人们在解决心中的问题之前，一般会经历以下四个步骤。

① 准备期

② 孵化期

③ 开明期

④ 验证期

比如，企划书无从下手，姑且先动手在纸上写的状态是①或②。到了第③阶段，你会突然觉得"啊，是这样啊"，心里就有了方向。英语的感叹词 aha，就是"啊，原来如此"的意思，所以被称为 **Aha 体验**。据说在这个 Aha 体验的瞬间，人在 0.1 秒内脑内的神经细胞同时被激活。

Aha 体验是在体育、音乐、恋爱、发明等需要的情况下产生创造性地解决问题的感动体验。

人们为了不断地体验这种感觉，就要持续思考（在体育和音乐方面就是持续练习），处于①准备期和②孵化期的准备和预热是很重要的。

鲁宾的喜欢和爱的程度测试

让我们试一试鲁宾的心理测试吧。❶~❻的问题是关于"喜欢"，❼~❶❷的问题是关于"爱"的题目。❼之后打的钩越多，表示你越真心地爱对方。

喜欢、爱的程度测试

首先，把对方的名字放在问题的（　　）内，如果符合情况就请画√，不符合请打 ×。

❶我觉得（　　）有适应性。

*适应性：为了适应周围环境的变化而改变行为等。

❷我觉得（　　）能成为被其他人称赞的人。

❸我相信（　　）的判断力。

❹我想推荐（　　）为团体的代表。

❺我觉得（　　）和我很像。

❻和（　　）在一起的时候，两个人的心情是一样的。

❼如果不能和（　　）在一起，我会感到很难过。

❽没有（　　）的生活很辛苦吧。

❾我的任务是，在（　　）感到不快的时候，给他/她打气。

❿为了（　　），我什么事都可以做。

⓫我觉得只要是（　　），什么事情都可以吐露。

⓬我和（　　）在一起的时候，有相当长时间只是盯着他/她。

◎ 喜欢是指"尊敬""信赖""认知相似"等情感。如果是爱，那么对方的失败就像自己的事情一样让你感到痛苦和失望，两人间的一体感很强。

2 挫折使年轻人成长

人们一进入青年期，为了自立会产生各种各样的**冲突**。如果再加上**自卑感**和**挫折感**的话，就会变得更加失落。如果当时的目标对自己来说是独一无二的，那么就会受到一时无法振作的打击。

比如，当你参加无论如何都想进的大学的入学考试时，结果失败了，这就相当于上面所说的情况。倘若你能及时调整自己的心情，再次朝着目标努力就没问题，但也有人因为做不到而感到痛苦。

人们在遭受挫折的时候，容易陷入认为自己是没用的人，或是弱小的人的情感中。人们被这样的想法束缚，叫作**自卑情结**。

挫折感和自卑情结对个人来说是痛苦的。正因为如此，人们才会萌发出"不能输"的心情，于是由此获得了自我成长的契机。另外，采取**防御机制**（防御反应▶下面），为了克服某种自卑**情结**（▶ P106，300）而努力做其他的事情，也会获得很大的收获。

相反，没有经历过挫折的年轻人，他们**抗挫折能力**较低，一旦遇到突发情况，就会表现出脆弱的一面。从这个意义上说，挫折经历也可以说是让年轻人成长的营养剂。通过巧妙地克服眼前面临的挫折，使自己变得更坚强，不断地掌握在社会中生存的能力。

❓ 详细解析

◉ 防御机制

是指人们感到不安和罪恶感、羞耻等不愉快的情绪，为了削弱或避免这些情绪和体验，使人们内心稳定的心理状态。**防御机制**本身是任何人都有的正常的心理作用，通常在潜意识下发生。防御机制有以下几种。

● **反向形成**：采取和自己心情相反的行为。如胆小的人说逞强的话等。

● **替换**：用另一个被认可的目标和行为来代替憎恨、爱等被压抑的情感。如被兄弟欺负的孩子在学校变成欺负人的孩子等。

● **合理化**：做不到的事情，找个理由让其变得正当化，试图让对方接受。被甩的人找对方的缺点等。

● **退行**：回到之前的发展阶段。如果欲求长期不满的话，就会使用婴儿的行为方式逃避现实。

● **逃避**：用幻想或生病，逃避现实。

● **升华**：用体育、艺术等消除自卑感。将性冲动和攻击冲动等转化为对社会有用的活动。

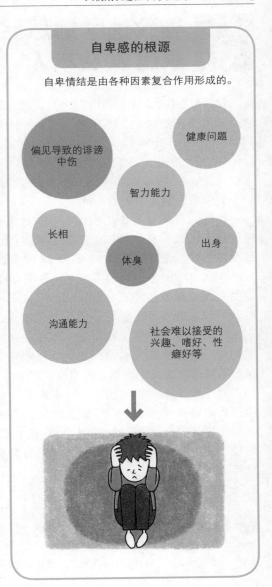

自卑感的根源

自卑情结是由各种因素复合作用形成的。

偏见导致的诽谤中伤

健康问题

智力能力

长相

出身

体臭

沟通能力

社会难以接受的兴趣、嗜好、性癖好等

青年期 3 导致逃学的原因是学校、家庭以及本人

除了生病或经济上的原因之外，没有其他合理的理由不去上学，或者即便想去也去不了的状态被称为**逃学**。根据日本《文部科学白皮书》，2006 年度全日本的国立、公立、私立小学、初中、高中以逃学为由，一年缺席 30 天以上的学生数量达到了 184438 人。并且，在 1990 年当时的日本文部省发表了一篇名为《每个孩子都有可能拒绝上学》的文章。

比如，星期日身体还很好，可一到周一早上就会头痛或肚子疼导致不能去学校，可以说是非常典型的例子。逃学的类型有**神经症性逃学**、**无力型逃学**（▶右面）、**脱校型逃学**等。

学生逃学的原因有很多，主要分成三种。一是源于**学校生活**，与朋友或老师发生矛盾、成绩不佳等。二是源于**家庭生活**，父母的裁员或家庭不和等。三是源于学生**本人**，因病长期缺席、极度不安、无力等。小学生的情况大多是由本人的问题引起的，而到了初中，围绕朋友关系的问题就变得很重要。不管什么年龄，不稳定的情绪状态或无力都是重要原因之一。

对于学生逃学的对策，学校采取设立心理咨询室或设立自由学校行政措施来应对。但即便采取了这样的措施，逃学现象依然没有得到改善，这其中大多是家庭生活和学生本人的原因导致的。学校、家庭、其他机构，以及医疗机构有必要联合起来共同采取对策。

 Psychology

Q ：为了不让孩子在学校的学习掉队，有什么有效的方法吗？

A：美国心理学家**克朗巴赫**提出的**适当交互作用理论**认为，"学习效果最好的教学方法，应根据每位学习者（学生）的情况而有所不同。"因此，有必要寻找适合于每个学生的教育方法。

他将学生分成**努力型**、**顺从型**、**叛逆型**，将教师分成**自发型**、**秩序型**、**恐惧型**，并且把教师的教学方法分成好或不好。通过这种类型的区分，我们可以分辨出适合孩子性格的教师类型。

❓ 详细解析

◉ 逃学的类型

● **神经症性逃学**：很难区分其与无力型的孩子的区别。他们有上学的意愿但却去不了，他们对学校表现出强烈的不安，不想和朋友见面，情绪波动明显等。

● **无力型逃学**：他们缺乏上学的热情，看不到他们对学校的不安或对休学的罪恶感，总是若无其事地和朋友见面等。

逃学人数不断增多

在日本，1997 年每 53 人中就有一人逃学，而现在中学生中每 35 人就有一人逃学。

学生逃学数量的变化

	小学生	中学生	高中生
1997 年	**20,765**人	**84,701**人	—
1998 年	**26,017**人	**101,675**人	—
1999 年	**26,047**人	**104,180**人	—
2000 年	**26,373**人	**107,913**人	—
2001 年	**26,511**人	**112,211**人	—
2002 年	**25,869**人	**105,383**人	—
2003 年	**24,177**人	**102,149**人	—
2004 年	**23,318**人	**100,040**人	**67,500**人
2005 年	**22,709**人	**99,578**人	**59,680**人
2006 年	**23,825**人	**103,069**人	**57,544**人

2006年度日本文部科学省调查

逃学的原因

学校生活
与朋友和老师的关系、成绩不佳、校园欺凌等

家庭生活
父母裁员、家庭不和等

本人问题
因病长期缺席、极度不安、无力等

4 不上班的年轻人——啃老族成为社会问题

"Neet"是取自"Not in education，employment or training"首字母的缩略语，这是英国政府在劳动政策上对人口的分类，定义范围在16~18岁的人群，是指"既不接受教育，也不劳动，也不进行职业培训的人"。在日本，是指大学或高中毕业后，没有就业欲望也不升学的年轻人。因此，啃老族这个词，除了日本之外几乎不怎么使用。

在日本，啃老族常被认为"没有做××的欲望"。2005年之后日本《劳动经济白皮书（劳动经济分析）》中定义啃老族为"**在劳动人口中，年龄15~34岁，既不上学，也不工作的人**"。另外，根据日本内阁府的调查显示，2002年日本啃老族人口已达到了约85万人。为什么啃老族增加了呢？据说是从1990年到2000年的泡沫经济崩溃时期开始增加的。

日本内阁府把啃老族分成了**非求职型**和**非希望型**。前者是虽然想就业但也不实际找工作的人，后者是不希望就业的人。

啃老族经常被误认为是**蛰居族**，实际上也有心理学家认为啃老族是日本**成人儿童**（Adult Children，没能像孩子一样度过童年，就这样长大的人们）进化的形态。另外，把啃老族和懒惰的群体混为一谈也是错误的。每种状况的人都有各自不同的形成背景。

❗ 必备知识点

◉ 同一性状态（Identity status）

心理学家**詹姆斯·玛西亚**（James Marcia）提出的概念，当人们失去社会角色、家庭、恋人、企业等所属关系的时候，会有**危机感**，他们会为了重新构建自己的身份而行动。构成这个行为的要素有以下四个类型。

① **同一性完成型**：充分考虑各种可能的机会和自己的情况后，做出自己的选择并为自己的目标而努力。

② **延期偿付型**：成人后仍处在摸索同一性的状态。

③ **同一性早闭型**：不考虑自己的体验和选择，完全按照父母和老师等周围人所赋予的价值观生活的状态。

④ **同 一 性 扩 散 型**（▶ P146）：对过去身份探索的经验和结果，不能与明确的信念和行动联系起来的状态。

近年来，一些"点火就着"或宅在家里的人成为社会问题，究其原因，他们被认为是第③种的同一性早闭型。

从数据来看啃老族的实际情况

这些成为啃老族的年轻人都有着某种共同的特征。

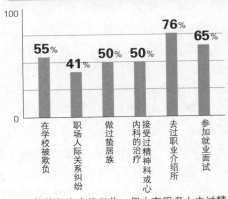

有过哪些生活经历

- 在学校被欺负 **55**%
- 职场人际关系纠纷 **41**%
- 做过蛰居族 **50**%
- 接受过精神科或心内科的治疗 **50**%
- 去过职业介绍所 **76**%
- 参加就业面试 **65**%

◎ 尽管他们也在找工作，但也有很多人去过精神科就诊。

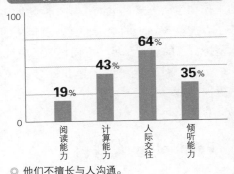

劳动需要而他们不擅长的技能

- 阅读能力 **19**%
- 计算能力 **43**%
- 人际交往 **64**%
- 倾听能力 **35**%

◎ 他们不擅长与人沟通。

根据2007年日本（财）社会经济生产性本部调查制作

不婚主义者增多的社会背景和人们的想法

过去结婚有适龄期，人们都认为在适龄期之前结婚、生子是常识。结婚本来就具备繁衍后代的社会功能。

结婚，不只是生儿育女就可以了，重要的是男女都要脱离一直生活的原生家庭，两个完全不同个性的人组成一个新的家庭。作为构成社会的单位的家庭的建立和维持发展具有重大的意义。这也是青年期的发展课题。

但是，时代在不断变化。随着更多女性不断地进入社会，有更多的人认为推迟结婚也是可以的。他们也不想放弃一个人生活的自在，或者和父母一起生活时的舒适感。因此人们对如上所述社会的普遍观念逐渐淡薄了，甚至有人认为结婚只是为了在社会生活中有个休息的地方。因此**晚婚化、非婚化**逐渐得到发展。

日本家庭社会学家**山田昌弘**（1957—）认为**自我实现意识越高**，结婚就变得越困难。在以往的社会中，无论是什么样的人，做的工作和生活方式都大同小异，但是近年来**生活方式的多样化**，打破了以往整齐划一的生活方式。近年来的生活方式，人们一方面可以坚持自己的热爱，另一方面还要适应彼此的生活方式不同。

另外，社会经济的低迷和社会贫富差距的加剧，也使结婚变得更加困难。

❊❊ Psychology Q & A

：如果结婚了，真的能幸福吗？

A ：美国心理学家**特曼**对有关结婚生活的幸福度进行了实验调查，测定了**结婚的幸福分值**。

日本也使用特曼的实验项目调查了结婚后的幸福度与结婚年数的关系。在日本，刚结婚时，妻子的幸福度比丈夫高，之后就会逐渐降低。

要想婚后也能保持高幸福度，必须具备人们从开始交往时就对未来没有不安、双方父母赞成结婚等条件。

❗ 必备知识点

◉ 机会成本

经济学用语，因为采取了某个行为而失去选择其他行为而应该得到的利益（法学上称为意外利益）。如果站在不断增多的不生育女性的角度来看，那就是因为她们生了孩子而失去本来应该在工作中得到的报酬。机会成本反映了我们内心的想法。

从数据来看晚婚化、非婚化

据预测，随着生活方式的变化，在日本，人们的未婚率逐年上升，而且到了 50 岁还未结过婚的人的比率（终身未婚率）未来也会不断上升。

未婚率

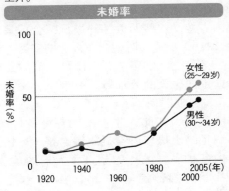

终身未婚率

1955年	男	**2.2**%	女	**1.8**%
2005年	男	**12.4**% ←	女	**5.8**% ←

根据2006年日本总务省统计局的调查制作

157

1 迎来人生变化的中年危机

　　人们在**中年期**也会遇到各种的**冲突**。美国心理学家**丹尼尔·莱文森**（Daniel Levinson）认为，人到中年心里会产生爱情与离别、破坏与创造、男子气概与女人味、青春与衰老的对立情绪。而内心接受这些两极性并进行统合正是人们中年期的课题。**荣格**（▶P110）把这个时期叫作**人生的午后**（▶P33）。

　　换言之，中年期可以说是人们的心理是走向成熟，还是退步抑或走向破灭的分水岭。中年期是决定人们未来老年期如何过得充实的重要时期。

　　正因为如此，才会发生各种各样的危机。最明显的例子有人们**拒绝上班**和**心身耗竭综合征**（▶P218）。拒绝上班是由于公司内各种各样的压力超过了人们的承受极限而导致的。精神上的症状有**抑郁症**（▶P204）和**身心症**（▶P215），身体上也会出现头痛和腹痛，或者腹泻的症状等。据说越是对工作认真热心的人越是容易患心身耗竭综合征。这是因为人们因设定过高的理想而感到疲惫，被强烈的无力感和疲惫感所侵袭导致什么都做不了。其结果，有的人患抑郁症，有的人得了酒精依赖症，还有的人，因为家庭信任关系崩塌而导致**拒绝回家综合征**。此外，还有人因孩子成人离开家独自生活后会突然变得没有干劲导致患有**空巢综合征**等。

　　为了摆脱这些危机，人们需要不拘泥于以往的价值观，去追求新的生活方式或其他生活的可能性。

❗ 必备知识点

◉ **性别压力**（Gender Stress）

　　是指由于自己是女性身份而导致要承受的压力。在日本**男女共同参与育儿**

风气还没有普及，所以如果是工作的已婚女性，就必须兼顾家务和育儿。全职主妇的情况一般是忙于家务和育儿，参与社会活动的范围变窄，也有很多女性被孤立。

不管什么年龄的女性都有可能发生**性别压力**，比如多数女性都有的月经前综合征，到了**更年期**，被各种各样不明原因困扰的身体不适，都可以说是性别压力。

◉ **中年时代**

美国心理学家**爱利克·埃里克森**（▶ P146）创造的新词，意思是"积极参与创造下一代价值的行为"。埃里克森把人类精神发展划分为八个阶段，将第七阶段，即中年期以后的阶段称为**中年时代**（**Generativity**），也就是说这是关心引导下一代的时期。他还把"养育下一代的心理危机"叫作**中年危机**（Generality Crisis）。

中年期容易产生的心理冲突

中年期是在工作中发挥核心作用的时期，正因为如此，人们才更容易感受到压力，也更容易有各种身心问题。

心身耗竭综合征	好像燃烧殆尽一样，失去欲望，陷入抑郁状态。
牵牛花综合征	早上连看报纸都懒得看，感觉浑身没劲。
拒绝上班或回家	因抑郁而无法上班或因对工作感到烦恼而不能回家。
三明治综合征	多见于中层管理者，夹在上司和部下之间，陷入抑郁状态。
晋升抑郁症	因为晋升而被严重的责任感所折磨。
上升停止综合征	因竞争对手或下属比自己先晋升而陷入抑郁状态。
空巢综合征	常见于养育完子女后的女性所出现的抑郁状态，就像在孩子自立、离巢后，内心感到空虚。

如何顺利度过更年期

　　心理学上所谓的**发展**是指人们从受精的那一刻直到死亡的身心发展过程，以及围绕这个过程所发生的各种关系的变化。美国心理学家**爱利克·埃里克森**（▶P146）认为发展是由**成长、成熟、学习**三个方面构成的。成熟是指人们通过性行为达到生殖的可能性，女性会在**闭经**（▶右面）后结束生殖功能。成熟结束后，男女都会迎来**更年期**。

　　人们到了更年期（45~50岁），身体或精神上出现的症状叫**更年期障碍**。尤其是女性中非常常见，身体上的症状表现为潮热、上火、头晕、麻木等。精神上会有失眠、过度焦虑等情绪不稳定的情况。这些原因被认为是卵巢机能低下导致的荷尔蒙失衡，受此影响自律神经系统和感情功能变得不稳定。

　　近年来，男性有更年期障碍的人也不断增加。因为男性没有像女性闭经那样有明显的生殖机能下降，所以他们不会出现急剧的变化，可也会有和女性一样有头疼和恶心等症状。另外，人们在初老期出现自律神经症状的情况很多，代表性的有抑郁症和身心症、血管障碍等。

　　到了更年期，孩子们都独立或结婚、父母的护理等环境发生了很大的变化，再加上家庭和职场上的压力。更年期无论是在社会上还是经济上都是人们负担最重的时期，希望大家能创造一个家庭和周围人都相互支持的环境。

✳✳ Psychology Q & A

Q：我的朋友是美国人，很正能量。前几天事业失败也没有表现出消沉的样子。人到中年，都会感到很疲惫，他为什么能这么有精神呢？

A：我觉得他是一个比别人多一倍**积极幻想**（▶P290）的人。积极幻想是指自己比别人差的时候，不愿承认那个事实的心理作用下，扭曲地评价自己比真正的自己优秀。

人们在经历挫折的时候，要重新找回自信，可以适当地保持这种幻想。这可以说是精神饱满地度过**更年期**的秘诀之一。

❓ 详细解析

◉ 闭经（Menopause）

是指**最后的月经**。**闭经**作为女性由中年期向老年期的过渡期具有重要的意义。

另外，这也是代表女性**年龄增长**的象征性事件，容易产生女性的价值下降等偏见。但是，也有调查报告显示中年期的女性把闭经看成是暂时性的。

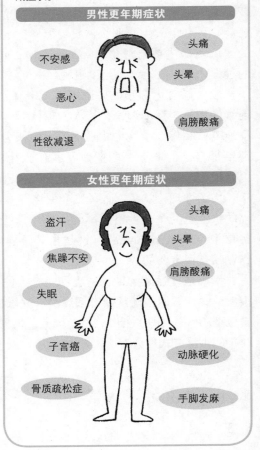

更年期症状是中年期特有的

更年期是指具备怀孕和生殖功能的卵巢逐渐停止工作的时期（闭经）。由于荷尔蒙出现分泌不平衡的现象，所以会出现各种各样的更年期症状。

男性更年期症状

不安感　头痛　头晕　恶心　肩膀酸痛　性欲减退

女性更年期症状

盗汗　头痛　头晕　焦躁不安　肩膀酸痛　失眠　子宫癌　动脉硬化　骨质疏松症　手脚发麻

成功老龄化和生产性老龄化

日本厚生劳动省 2009 年 7 月发布的 2008 年度日本人平均寿命的报告显示，女性是 86.05 岁，男性是 79.29 岁，男女同时刷新日本历史最高纪录。也就是说，如今这个时代人们即便退休后还会有另一个人生。那么，我们怎样度过剩下的人生呢？报告中的建议就是**成功老龄化**（Successful aging）。这是指人们与衰老的过程和谐相处，幸福地度过晚年。

成功老龄化有三个理论提供了解释：**活动理论，脱离理论，连续性理论**。活动理论是指人们退休后也要进行同样的活动，幸福地度过晚年。在这个背景下，人们认为，我们的人生多半时间都给了自己的职业，职业赋予我们人生的意义。相反，脱离理论是指人们脱离社会生活后合理分配自己的时间，幸福地度过晚年。连续性理论认为，人的变化是各个发展阶段变化的连续，幸福的价值也受个人性格的影响。另外，近年来人们提倡**生产性老龄化**（Productive aging），这是指老龄群体作为社会资源为社会作贡献是很重要的。

幸福地度过老龄期，这也和每个人的**个性**（**人格**▶ P274）有很大的关系。通常老龄期有**圆满型、安乐椅型、愤慨型、装甲型、自责型**（▶如右图）五种人格，因此，根据人格类型的不同，人们晚年的生活方式也会有所不同。

Psychology Q & A

Q : 我住的公寓隔壁有一位老人，他一直是一个人生活。我很担心，他总是一个人待在房间里，好像也不怎么出门。我想找您聊一下这个情况。

A：这种状态是人们常说的**闭门不出**，或是**蛰居族**，多见于老年人。引起闭门不出的原因很多，比如本人身体能力的衰退，导致身体上外出很困难；失去了精神上生存的力量等。

不管怎么说，如果是没有家人照顾的独居老人，他们需要周围人的鼓励。你可以试着向公共支持机构咨询一下。

另外，现在闭门不出的年轻人也越来越多，这种情况普遍叫作蛰居族。无论是老年人还是年轻人，身心有问题或残障人士，都有可能会出现闭门不出的情况。

顺便说一下，"闭门不出"一词，也用来表示作家写作时的主观上"深居"的意思。

为了幸福地老去你必须知道这些

以幸福地度过老年生活为目标叫作成功老龄化，为了实现这一个目标，有三种必要的理论。

成功老龄化

三种理论	活动理论	退休后也继续工作，积极地生活。
	脱离理论	退休后，要珍惜自己的时间。
	连续性理论	退休后幸福的价值，是一个人人生的延长线。

◎ 也有作为社会资源为社会作贡献的生产性老龄化。

老龄期的五种人格

圆满型
对未来抱有希望地生活。

安乐椅型
被动、消极地生活。

自责型
在后悔过去中度过。

愤慨型
为维持年轻而挣扎。

装甲型
不接受衰老，对他人充满攻击性。

如何不为
婆媳问题而烦恼

"嫁"这个字写作"女"进入"家"。但是，嫁入的家庭本来就有掌管这个家庭的婆婆。简单地说，**婆媳问题**可以认为是围绕着"家"的婆媳之间权力的斗争。

媳妇介入的不只是家。近些年，作为妻子的丈夫、孩子的父亲的男性在家里的存在感和权限变得越来越少。其结果导致在现代家庭中出现了父亲缺席的情况，**母子一体化**的状态越来越多。在家庭关系方面，比起夫妻关系，母亲和儿子的关系变得更紧密。

从这一点来看，**儿子（或丈夫）夹在婆婆和媳妇之间形成了三角关系**。对于婆婆来说，媳妇侵犯了自己主妇的权限，甚至还夺走了自己最宝贵的孩子。所以，难怪婆媳关系会很尴尬。

因此，对于解决这个问题的办法，只能通过协商主妇的权限来解决。婆媳之间彼此意气用事是行不通的。对于母子一体化，需要公公和丈夫的协作。为了不让婆婆和丈夫太接近，他们必须各自行动。

更重要的是让**夫妻间的关系更加融洽**。如果婆婆改善了自己和丈夫的关系，就不会再过度干涉儿子，也更容易和儿子之间保持适当的距离。此外，媳妇和婆婆也更容易确立各自的职责范围，她们彼此之间也能建立女性间的信任关系。

❗ 必备知识点

◉ 家庭意识

讲的是我们在潜意识中拥有的"家庭应该是这样的"印象。这是重视祖先、家风、家长、长子继承制的意识。比如，以父母和子女夫妇以及孙子在同一屋檐下欢天喜地地生活为理想的**直系家族制**，就是所谓的家庭意识。

与此相对，在**小家庭化**发展的现代社会，父母夫妇和子女夫妇应该在各自的家里生活的**夫妇家族制**，成为新的家庭意识的主流，因此新旧的家庭意识相互对立。

传统的家庭意识是**婆媳问题**的根源。特别是媳妇和自己的原生家庭分开搬到新家里住，更容易产生心理负担。但是，在直系家族制中，可以应用"奶奶的智慧"等婆婆的经验。所以不容易患上夫妇家族制中家庭常见的育儿衰弱症。

我们并不是要完全否定传统的家庭意识，而是要在保持年轻一代独立性的同时，保持与上一代交流，灵活处事，善于变通。

母子一体化造成婆媳问题

由于父亲缺席，形成母子一体化，儿子结婚后，发生婆媳问题的可能性很高。

丈夫的幼年期	关系紧密 幼儿时，父亲只专注于工作，因此母亲和孩子形成了母子一体化。
结婚后	对立　三角关系 婆媳围绕儿子引发的三角关系。
解决对策	圆满　保持适度的距离　圆满 为了预防婆媳问题的发生，公公和婆婆和谐相处，丈夫和婆婆保持适度的距离是很重要的。

接纳死亡，
安稳地度过余生

人一定会迎来死亡。即使医学如此进步、寿命如此延长的现代，我们也没有开发出能够阻止死亡的技术。无论谁在人生中都会有面对很多死亡的时候。父母、兄弟姐妹、配偶，有时孩子会比自己先离去。我们就是在经历这样的死亡中而度过自己的一生的。

到了**老年期**，能够接纳面对自己的死亡，平静地生活，可以说是非常重要的。瑞士精神科医生**罗斯**（▶下面）把在人们被告知自己的生命还剩不久后，接纳死亡的过程分为以下五个阶段。

① **否认**：最初不相信死亡。

② **愤怒**：感到愤怒——为什么会是我！

③ **交涉**：想尽一切办法延续生命。

④ **抑郁**：被各种想法搞得内心几近崩溃。

⑤ **接纳**：终于下定决心接纳死亡。

当然，到了最后的阶段，不只是一个人的努力，周围人及家人的支持也是不可或缺的。另外，罗斯在这个调查中还发现，那些雄心勃勃喜欢支配人的人很难接纳死亡，相反那些在工作中获得满足感并取得成就的人以及养育过孩子的人，能够平静地接纳死亡。

最近，对**临终关怀**（**Terminal Care**）的关注度越来越高。对于老龄化大国的日本来说，如何面对死亡是一个不可回避的问题。

♥ **心理学巨匠**

◉ **伊丽莎白·库伯勒·罗斯**（Elisabeth Kubler Ross，1926—2004）

瑞士精神科医生。她在苏黎世大学医学部学习期间认识了美国留学生曼尼·罗斯，并赴美。她在美国时，对医院治疗濒临死亡患者的态度感到很惊讶，在这之后，她写了一本以死亡为主题的书，并在世界各地进行讲演。其中在《**死亡瞬间**》中她提倡**库伯勒罗斯模型**（**接纳死亡的过程**）。

她拿出自己的财产，为面临死亡的患者购置了设施。据说这与后来的临终关怀运动息息相关。

✳✳ Psychology Q & A

Q：我需要为患有晚期癌症的父亲做些什么呢？

A：您需要与您父亲的保健医生建立信任关系。

在老龄患者中，变成植物人的状态，靠打点滴延续生命的情况也很多见。有些人会在身体健康的时候写拒绝延长生命的宣言书。这是在他们意识清楚的状态下，拒绝一切延长生命的措施，在活着时写下的遗书（**Living Will**）。

接纳死亡的五个阶段

罗斯提出了人们接纳死亡的五个阶段。

❶ 否认　接到冲击性的消息，为了不受打击而采取否认的态度。

我只剩下3个月？这是骗人的吧？

❷ 愤怒　感到愤怒和憎恨，迁怒于周围的人。

老天真是不公平！

❸ 交涉　怎样能延长生命呢？寻求所有延长生命的手段。

或许这个疗法能治吧。

❹ 抑郁　发现延长生命的手段是徒劳的，过于悲伤，导致抑郁的状态。

还是不行。

❺ 接纳　能够平静地看待自己的死亡。

珍惜剩下的时光吧！

关注·实用
深层心理
4

为了把对方发展成自己的伙伴，你觉得在哪个地方谈话比较好？

属于A组的你，想把B组的实力者拉到自己这边来。你认为在哪里说服对方更好呢？

我希望你的能力在我们组得到发挥。

1

新开的店啊

在双方都没去过的地方。

2

经理，您好！

在你常去的店里。

3

去你喜欢的店。

在对方选择的地方。

解答

答案是❷。有"主场效应"，如果你能把对方引到自己熟悉的场所（主场），你就能够轻松地进行活动，谈话也能有利地展开。另外，也可以避免被对方的节奏所左右。尤其是在对方不擅长觉察的情况下更是如此。相反，❸的情况，容易被对方掌握主导权。❶可以说是仅次于❷的有效地点。双方能够在同等条件下交流。

PART

5

组织中的人类行为

1 无法提出反对意见——团体迷思和不败幻想

我们都有过这样的想法："和大家一起闯红灯就不怕。"以前有这样一个词很流行，叫**团体迷思**，是指人们的心理陷入追求团体的和谐与共识的行为。

以研究团体迷思而闻名的美国心理学家**贾尼斯**（Irving Janis，1918—1990 ▶下面）把在团体迷思时发挥最大的作用的力量称作**不败幻想**。是指幻想自己所属的这个团体才是有力量的，每个人都在为此而努力工作，所以我们的团体无论什么困难都能战胜。

不败幻想一旦支配了这个团体，其他人就无法提出破坏集体团结的反对意见。因为总是以全员一致为原则，所以在出现新问题时，人们应对迟缓，即使有好的方法，如果不是多数人同意就会被否定，那么有效的方法就很难被采用。

最糟糕的情况是，它甚至可能导致群殴和私刑事件，这种行为的发生是由平时的**欲求不满**引起的。人们欲求不满的不断累积，会寻找突破口，然后一口气就做出可怕的行为。

尤其是在团体迷思的集体中，自己的责任感就会降低。因为大家都在做一样的事，所以不会认为自己是做坏事。这个就叫作**普遍感**，人们本来就有如果按照多数人的价值观去做就不会错的心理。集体闯红灯的行为正是这样的心理作用的结果。

在理解团体迷思存在很多问题之后，我们应该知道营造能够自由交流的氛围是很重要的。

♥ 心理学巨匠

◉ 欧文·贾尼斯（Irving Janis）

贾尼斯研究了低估日本**偷袭珍珠港**可能性的美海陆军首脑杜鲁门政权、**越南战**

争中的约翰逊政权、**水门事件**中的尼克松政权等导致错误决策的群体心理。

✳ Psychology Q & A

Q：公司开会时总是得不到令人满意的结论。因为总是以多数表决的方式解决。

A：提不出意见或意见不统一，无论出于何种原因，依赖少数服从多数，都有可能拿不出最好的策略。

比如，**团体凝聚力**（团体吸引个人的程度）强的话，多数决策也会全票通过，所以人们很难提出反对意见。另外，少数服从多数可能会导致集体意见向过激方向**风险转移**，或者导致集体无法做出任何决定。为了防止这些情况的发生，主持人需要听取反对意见。

集体主义的可怕之处在于

就像日本以前的军国主义那样，集体的失控导致无视少数人的意见，而招致悲惨的结果。

无法提出反对意见的不败幻想

在集团主义下容易导致不败幻想。

团体迷思导致的最坏情况

极端的情况下，即使不提出反对意见，有时也会成为替罪羊（▶ P72）。

有时一个人的意见也会改变多数人

集体的意见的确会对事物产生大的影响，但是有时少数者的意见也会影响集体。这就是法国心理学家**塞尔日·莫斯科维奇**（Serge Moscovici，1925—）验证的**少数人影响理论（Minority Influence）**。

少数人影响理论有两种方法。第一种方法叫**霍兰德策略**（▶如右图），是指过去对集体贡献最大的人通过自己的业绩获得集体的理解和认可的方法，也可以说是自上推动变革的方式。比如，启动新的项目时，如果是谁都认可的领导者，即使是困难的项目，只要大家齐心协力就一定能顺利完成。

相反，自下推动变革就是**莫斯科维奇策略**（▶如右图），是指没有实际成果的人，顽固地反复主张自己的意见，从而瓦解**多数人**的意见。无论失败多少次，他们一如既往地提出同样的策划——这个绝对会让消费者接受，最终说服多数人。这种情况下，多数人会产生"或许是我们搞错了吧"这样的疑问，从而促进了重新讨论。

于是，当多数人接纳**少数人**的行为和意见时，少数人影响就发挥了最好的效果，虽说是少数人，但最后也获得了很大的支持。可是，如果当这种意见和现实差距太大的时候，少数人影响就不怎么起作用了。

♥ 心理学巨匠

◉ E·P·霍兰德（E·P·Hollander）

社会心理学家 E·P·霍兰德提出了**信任储备理论**，它是指有能力发挥潜在**领**

导力的人首先会遵循集体规范（**Compliance**）然后提高业绩（**Competence**），积累充分的信任（**Credit**）。最终他们会对这个集体产生变革和创新的期待。

✳ Psychology Q & A

Q：原来的同事总是炫耀自己的公司，看起来是个很无聊的男人。

A：这叫作**集体同一性**的行为，即对自己所属的集体评价过高，并以自己身为该公司职员感到光荣。从心理学角度来说，这主要是依赖集体（公司）的状态。

如果公司发生不好的事情时，因为公司＝自己，所以就像为自己辩护一样进行隐瞒工作。此外，他们还有不接受或歧视其他集体的特征。

活用少数人影响理论

少数人改变集体的意见叫作少数人影响理论。要想让它发生，有两种方法。

1 霍兰德策略

通过自己过去的实际业绩获得了集体的理解和信任（Credit），以这种能力说服周围的人。

"跟我来！"

2 莫斯科维奇策略

即使是没有能力的人，如果反复主张自己的意见也能改变周围的人。

我觉得这个绝对行！

既然这么说……

有意思

人际之间的关系模式

商务的基础是**做好事前准备**。在组织中，为了让别人和自己的想法一致，就需要事先拜托他人同意自己的想法，那么事情就会进行得更加顺利，这就是做好事前准备。最基本的事前准备工作是观察团体内部的力量关系，然后再行动。奥地利精神分析医生**雅各布·莫雷诺**（Jacob Levy Moreno，1892—1974）用一种叫作**模拟测试**的方法从心理学角度分析了力量的构成。

测试首先让小组成员分别指定自己喜欢的人和想要选择的人，以及想要反对的人。然后，参考这些内容来了解团体结构，分析哪些地方需要改善，组织才能运转得更好。人们用来分析总结测试结果的就是**社会关系图**。

看到社会关系图（如右图）就一目了然谁和谁关系好，谁和谁关系差，谁最受欢迎，谁被孤立。明白了这个就能把握小组内的力量关系，就知道如何运转这个小组。

❗ 必备知识点

◉ 沟通网络（Communication network）

心理学家李维特认为组织有以下几种模式。

● ——成员（Star）
— ——渠道（流向）

圆型
没有领导，工作效率差。

链条型
容易形成派别。

Y字型
没有领导，但能双向传达信息。

轮型
以领导为中心，传达信息高效。

通过社会关系图，明确人际关系

　　把某小组内的人际关系图示化，并加以掌握，这就是社会关系图。明确小组内有怎样的下属团体（关系好的团体），是否有不属于下属团体的孤立者或排斥者，另外最受欢迎的成员（Star）是谁等。

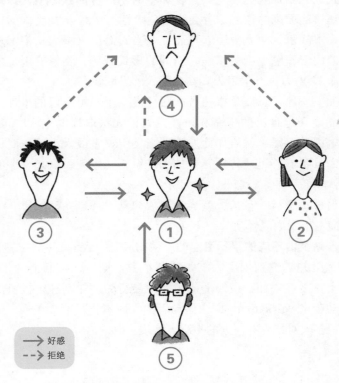

　　→ 好感
　　--→ 拒绝

- 因为谁都喜欢①，所以他是最受欢迎的人（Star）
- ④是被①、②、③都拒绝的人
- 因为谁都不理睬⑤，所以他是孤立者，但反过来说也是自立的人

引起集体恐慌、暴动的团体心理

　　人们由于焦虑和恐惧（压力）等陷入混乱的心理状态叫**恐慌**，会导致人们**集体逃跑**。尤其是**在和平时不一样的状态下，如果不能迅速传达准确的信息**，就会增加危险性。1938 年在美国的广播剧《宇宙战争》中就曾引起过恐慌。当天播出火星人从宇宙攻击过来的内容，电视剧中以临时新闻的形式开场，临场感十足的演出，让 1200 万观众信以为真，并陷入了恐慌状态。

　　如上所述，恐慌是指在自己眼前发生了不可思议的事件，而且可能会夺走自己的生命和财产及其他无法取代的东西。可是，如今电视和广播、网络如此发达，当发生灾害或大型纷争时，由于我们具备能够迅速传达正确信息的系统，因此，引起恐慌的可能性就降低了。

　　另外，恐慌一旦扩大就会发展成**暴动**。一旦扣动扳机，可以说恐慌马上发展成暴动。

　　暴动是由不满的累积引起的。最初只是个人的不公平或不满，后来感染并扩散到周围人，并逐渐扩散。同时，抑制能力下降，对社会攻击性增加，最终形成了反社会行为。扣动这个扳机的人叫**煽动者（Agitator）**。成为煽动者的人原本就具有攻击性，他们中有很多人对社会有极大的不满。

❗ 必备知识点

◉ 集体歇斯底里

也叫作**集体妄想**的团体心理。属于某个团体的人发生歇斯底里的症状，并传染给团体其他人。

比如，同班学生或宗教团体的信仰者之间等，一个人兴奋会引起其他组员失神的症状等。

人们容易被催眠的状态叫作**被暗示性**，这个被暗示性极度升高的状态会导致**集体歇斯底里**。

◉ 暴民（Mob）

是指群众因恐慌而变得活跃的现象。**暴民**有类似冲到甩卖场那样的**逃走暴民**，类似祭祀骚乱一样的**表现性暴民**，以及举行像恐怖主义和集体私刑的**攻击性暴民**。

我们身边恐慌的例子

恐慌是指人们在面对非常事态和社会不安等时采取的无秩序行为。恐慌发生时如果没有统帅者，事态会逐渐混乱。

围绕金融的恐慌

大国引发的通货膨胀等导致金融危机席卷全球，经济停滞不前。不特定的多数人冲到银行提取存款等。

围绕食品的恐慌

随着国内外的食品造假、食品污染现象日益严重，消费者对食品的恐惧和不安不断扩散，日本国内生产物品价格正在过度上涨。

围绕少年犯罪的恐慌

少年A

近些年，以少年犯罪多发为背景的议论日趋白热化，日本少年法不断修订，向严惩化的方向发展。但是据统计，少年犯罪数量每年都在减少。

围绕禁烟的恐慌

在认为吸烟对身体有害的人占大多数的现代，随着人们对烟民的偏见扩散，日本对香烟产业的限制越来越强。

用 PM 理论验证理想的领导形象

在被称为组织的团体里，几乎所有的场合都有**领导**指挥。组织所能得到的好处大小取决于领导的能力。日本战国时代把这种有能力的人称作名将。

那么，现代的名将需要具备哪些要素呢？心理学家**三隅二不二**（1924—2002）从团体机能的观点出发，用 **PM 理论**对领导的行为特性进行分类。

团体机能由 **P 机能**（Performance function **目标达成机能**）和 **M 机能**（Maintenance function **团体维持机能**）两个机能构成。P机能是指为了达成目标而调动员工、制订计划；M 机能是指营造融洽的氛围，使工作顺利推进。

领导者为了实现目标不仅需要具备指示、命令员工的 P 机能，同时还需要具备理解员工立场、调解纠纷、保持公平公正的 M 机能。根据这两种机能不同程度的组合，三隅二不二将**领导力**分成了四种类型（▶如图）。

实际上，在他的研究中，P机能和 M 机能都强的 **PM 型领导者**所领导的团体具有很高的员工满意度和生产率。由此得出结论，当 M 机能对 P 机能起到催化作用时，团体的生产率将达到最高。

站在领导岗位的人，以及今后想当领导的人，记住这个法则对自己会有很大帮助。

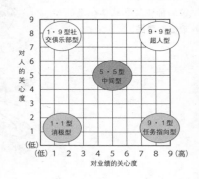

! 必备知识点

◉ 管理方格理论

美国心理学家 **R·布莱克**和 **J·莫顿**于 1964 年创立的关于组织发展的领导类型理论。

管理是指"经营者",方格是指"网格"的意思。像左图一样,纵轴表示**对人的关心度**,横轴表示**对业绩的关心度**,用 1 到 9 表示,确认自己的所处的位置,就能明确作为领导者的资质。

比如,1·1 型是对人对业绩都不关心的领导,5·5 型是平均平衡型领导,9·9 型是超人型领导。

这个理论与 **PM 理论**,并称为领导理论。

PM 理论形成的四种领导类型

将领导的类型分成以下四种的 PM 理论。纵轴代表 M 机能(团体维持机能),横轴代表 P 机能(目标达成机能),用图形的方式呈现。

强

M 机能

pM型

游戏型

有团结集体的能力,也有声望,但工作上也有好说话的一面。

PM型

勤奋型

明确目标,也注意团体的维护。理想的领导。

弱 ← P机能 → 强

pm型

适当型

虽然很会照顾人,但无论取得成果还是团结集体的能力都较弱。不具备领导资格。

Pm型

猛烈型

对工作要求严格,虽然能取得成果,但不擅长团结集体。没有声望。

弱

P职能 重视完成目标。
M职能 重视集体的团结。

2 行动是最有力的"宣言"

世界各地都有没有**干劲**（▶ P136）的人。如果这种人在个人责任范围之内，我们可以置之不理，但如果他们出现在职场或学校等需要人们共同工作的地方时就会出现问题。

因此，值得注意的是激发他们干劲的有效方法——让本人当众宣布自己的干劲。人们在采取行动时会设立目标，如果只有自己一个人就很容易懈怠。可是，如果在很多人面前**宣布目标的话**，本人为了达成这个宣布的目标就会变得更加努力。也就是说，人们由此背负巨大的责任，因此提升朝着这个目标迈进的行动力。这种心理作用叫作公开承诺（**Public commitment**）。

这个方法常常用于商务场合。领导通常让下属**设定并宣布目标**，除此之外，还让他们公布各部门的销售目标，并宣布完成的最后期限。

但是，在商务场合为了提高销售额而让员工立下宣言，他们会听从领导指令。但如果兴趣小组或家委会等就不能强制他们，所以执行起来会很费力。此外，也会有人对宣言本身犹豫不决的情况。

这种情况下，不要只让一个人说，而是让小组内的每个人都宣布自己的目标和所承担的工作任务。

❗ 必备知识点

◉ Boomerang 效应（回旋镖效应）

越想要说服对方，被说服的一方就越会采取反抗的态度，这是一种导致相反效果的心理现象。特别是对方是和自己关系亲密（Commitment）的人的情况，因为

回旋镖效应，导致对方的抵抗就会越强。

比如，当孩子想要学习的时候，父母说了"学习吧"之后，被说的一方变得反而不想学习也是回旋镖效应的一种表现。心理学家**布雷姆**认为，这种对说服的反抗是为了维护自己的态度和行动自由而产生的**心理反抗**（▶ P141）。

相反，如果是说"我只教你一个人"这种能激发对方自尊心、给对方特别感的方式，下属等被要求的一方就会感恩，这个叫作**好感的回报性**。

对于那些真正有实力却懒惰的下属，可以用**对比效应**来指导他们。如果一开始向对方提出心理负担重的条件，然后再提出心理负担轻的条件，那么从相对的角度来看，对方就会选择后者。这就是一种心理效应——对比效应的应用。

说到就要做到

如果人们采取当众公开承诺的行为，那么没有干劲的人也会着急地行动起来。

公约

政治家发表公约（Manifest）是公开承诺制度化的表现。

项目启动会

宣布项目开始时的会议。如果是在年初进行的话，公司整体的目标会变得更鲜明。

家委会活动

PTA委员分工负责。人们宣布各自负责的事情，就能避免逃避责任。

3 报酬的平等分配和公平分配，哪个公平？

　　客观地说，无论是名誉、地位还是社会贡献，如果报酬过低或分配不公的话，人们的工作积极性就会大大降低。

　　报酬的分配方法有两种。一种是**平等分配**，与人们各自的成绩和销售业绩无关，按照一律平等的分配方法。另一种是**公平分配**，按照人们各自的成绩和销售额拉开报酬差距的分配方法，即所谓的**能力主义**。

　　在**个人主义文化圈**的美国、英国、澳大利亚等国家，公平分配被认为很公正。而在日本、韩国等**集团主义文化圈**，倾向于喜欢平等分配。后者有较强的重视维护和谐人际关系的倾向。但是，最近即使在日本，公平分配也逐渐变成主流。只要努力，报酬就会提高，与平等分配相比，员工的满意度和生产效率也得到提高。

　　根据英国经济学家 **J·史黛西·亚当斯**（J.Stacy Adams）的**公平理论**，人们认为自己付出的劳动获得的报酬少时，就会采取与报酬相匹配的工作方式，即减少劳动量，偷工减料。另外，当人们感觉比自己明显劳动量少的人报酬却拿得多时，劳动积极性会急剧下降，甚至完全失去干劲。比如，退休后的官员被返聘后获得不菲的报酬时，我们对此会感到愤怒，这就来自于人们的公平感。

❗ 必备知识点

◉ 林格曼效应

德国心理学家**马克西米利安·林格曼**（1861—1931）通过**拔河实验**证明的现象。实验研究，一个人拔河，两个人拔河，每次参与拔河的人数有所增加时，个体发挥的力量会产生怎样的变化。结果表明，随着参加拔河人数的增加，个体就不会太用力去拉了。

也就是说，和单独工作相比，集体工作时个人的努力程度相对较低。这是因为在集体中，一个人即使偷懒也不易暴露，而且也很难得到与努力相匹配的回报。因此**林格曼效应**也叫**社会性逃逸**、**搭便车效应**。

那么，在组织内要想消除林格曼效应，我们该怎么做才好呢？首先，需要把"自己一个人"的想法变成"自己不在的话"的想法。重要的是，让人们对自己的职责产生强烈的自豪感。

要激发干劲，"公平"比"平等"更重要

公平分配是指工资和奖金会根据人们业务成果和业绩的不同金额也不同的激励机制。因为做了多少就会得到多少评价，所以是公平分配。

	A	B	C
业绩	◎	○	△

A虽然努力，但和大家得到同样的金额而感到不满。C即使业绩差但获得的金额和其他人一样而高兴。对于B这样平均的员工来说，无论公平还是平等都没有差别。

A有能力，业绩也提高，所以得到的最多。C因为业绩差，获取的少。B因为业绩一般，获得相应的回报。各自都能接受的分配方法。

183

思考优秀管理方法的 X 理论和 Y 理论

关于人类的本性有**性本善说**和**性本恶说**（▶下面）。在经营方法方面，美国经营学家、心理学家**道格拉斯·麦格雷戈**（Douglas Mc Gregor，1906—1964）提出两种对立的观点，即 X 理论和 Y 理论。X 理论认为，人本来就讨厌工作，如果没有领导的命令和控制就不工作。相反，Y 理论认为，只要具备条件人们就自发地工作。也就是说，**X 理论是不相信员工的立场，Y 理论是相信员工的立场**。

人类本来就不只是靠食欲和性欲这种本能的欲望驱使的，还有希望得到更多的认可、实现自我理想的欲望。即使不被命令，人们也会遵从欲望完成工作，甚至自己承担责任。所以激发员工的力量，光靠强制是不行的，恰到好处地刺激员工的欲望，提升他们的积极性才是对工作最好的起爆剂。

传统的企业用 X 理论管理员工，其结果会导致各种问题的发生，而近年来的经营者则根据 Y 理论来管理员工。通过采用重视员工自主性的管理方法使组织团结起来，使员工认为企业的发展是员工的幸福和目标。

顺便说下，Y 理论是以美国心理学家**马斯洛**（▶ P296）首先提出的**需求五层次理论**（▶ P296）作为基础的。另外，美国心理学家**威廉·大内**（William Ouchi，1943— ）提出了以尊重、平等、信任为基础的 **Z 理论**。

❓ 详细解析

◉ 性本善说和性本恶说

性本善说是儒家**孟子**的思想，即人类的本性是善良的。这之后，儒学家朱子完善了这个思想。

性本恶说是比孟子晚了几十年的朱子提出的与性本善说相对的说法，即人们通过后天的努力知至善之礼，行明德之仪。

✳✳ Psychology Q & A

Q：我觉得与其交给下属工作，不如自己做得快。

A：美国心理学家**利普特**和**怀特**把**领导力**分成了**民主型**、**专制型**、**放任型**三种。在民主型领导的团体，人们很少有不满，工作积极性也会提高；专制型领导会提高集体工作效率，但成员的创造性会变低。放任型领导会导致成员不团结，积极性也会下降。

我认为你属于放任型。首先，你需要和下属进行沟通。

X、Y、Z 理论

麦格雷戈、马斯洛、大内基于对人们工作态度的思考各自提出了 X、Y、Z 理论。

X 理论（性本恶说）

认为人们本来就是懒惰的，一旦放任就不工作。所以，领导必须对下属进行强制管理。

采用糖果和鞭子的管理方法。

Y 理论（性本善说）

认为人们原本就愿意主动工作。人们希望通过工作得到认可，能够自发地工作。

尊重劳动者自主性的管理方法。

Z 理论

介于X理论和Y理论之间。比起个性，该方法更注重集体主义和稳定性，受到日本关注的管理方法。

重视责任和共识的管理方法。

"我能行"的自我效能感有助于获得成功

一下子记住 300 个英语单词，对任何人来说都是件很困难的事。但如果我们按每天 3 个单词，分成 100 天记的话，总觉得能做到。

加拿大心理学家**阿尔伯特·班杜拉**（Albert Bandura，1925—）把这种自己也会产生的预期（确信）感觉称作**自我效能感**。人们认为"我能完成这个"的感觉，会引发下一步的行动。自我效能感高的人，能够积极地想"好，我一定能做到"；而自我效能感低的人会产生"我不行"这样的消极想法，进而无法采取行动。

那么，为了提高自我效能感，我们该怎么办呢？班杜拉列举了自我效能的四个源泉。其中最重要的是**成就体验**，就是通过自己的行动获得成功的体验。第二个是**替代经验**，观察他人的成就体验，会感到自己也能做到。第三个是**言语劝说**，需要周围人鼓励自己有能力做到。最后是**情绪唤醒**，通过克服不擅长的情境，增强自我效能感。

然而，自我效能感的提高，也与**自尊**（**自尊心** ▶ P136、288）的提高有关。如果自尊提高的话，人们会变得更自信，进而更有动力做出获得成功的行为。

能够迅速出人头地的人，都是通过不断积累**成功经验**，形成积极向上的自我，从而把握住更大机会的人。

❗ 必备知识点

◉ Stop 法

失败体验挥之不去的人，内心会产生不安和恐惧，导致不能积极地行动，失败的概率也会增加。另外，他们容易把机会当成风险。

对失败进行反省，在下一次汲取教训，失败才能产生价值。对那些无论如何都在意失败的人来说，推荐美国心理学家**保罗·G·斯托茨**（▶ P16）提出的 **Stop 法**（**思考中断法**）。在心情低落的瞬间说出"Stop"，这是一种释放情绪的方法。

◉ 算法和启发式

（Algorithm Heuristic）

虽然两者都是解决问题的方法，但采取的方式却有所不同。**算法**是知道如何解决某个问题，这是一种花费时间和精力就能解决的方法。

启发式虽然不保证一定成功，但却是遵循经验法则，凭直觉解决问题的方法。要想让工作顺利有建设性地进行，我们需要熟练应用算法和启发式。

自我效能的四个源泉

采取行动，自我效能感（推测自己能成功的感觉）成为必要。形成自我效能感有以下四点。

1 成就体验

通过自己的行动，获得某种成功的成就感。

2 替代经验

观察周围人成就或成功的体验，并产生"我也能做到"的心情。

3 言语劝说

"你一定行！"被周围人反复劝说并认可。但如果只是靠这种方式，就会逐渐失去自我效能感。

4 情绪唤醒

克服不擅长的情境，增强自我效能感。比如，明明不擅长演讲，却努力冷静下来，不紧张地演讲。

说服他人需要技巧

在**说服**他人之前的过程和行为被称作**说服性沟通**。说服性沟通有**一面提示**和**两面提示**两种方法。一面提示是只把推荐东西的优点（积极面）告诉对方的方法。而两面提示是包括优点和缺点都让对方知道的方法。

比如，如果你有一款新的游戏软件。在这种情况下，如果是一面提示，我们只会推销软件好的一面。相反，两面提示的情况下我们会告诉对方，虽然这个软件很好，但价格很贵，如果再多等一段时间的话，公司预计会以更便宜的价格及更多样的种类出售。

由于一面提示只传达优点，或许会导致投诉。此外，也会收到意想不到的对方改变想法的**回旋镖效应**（▶P180）。如果对方是游戏迷，对价格等方面不拘小节的话，一面提示就足够了。如果不是这种情况，就需要用两面提示介绍一下缺点，并表达出售方的诚意，为今后的合作做周到的考虑。

我们在沟通时先说结论，还是后说结论也是重要的关键点。如果是对方**对你的意见持肯定态度，容易说服对方**的情况下，最后说结论更好。相反，如果是对方**对你的意见持否定态度，很难说服对方**的情况下，那么先说结论，然后再说理由，对方比较容易接纳。不管怎样，请大家不要忘记要站在对方的立场上思考问题。

❗ 必备知识点

◉ 层进法

是心理学上**说服**的方法。人们先说一些不痛不痒的话题，之后再说重点的方法。相反，如果先说重点，之后再说不痛不痒的话题就是**渐降法**。听者关注度高时用**层进法**，反之则用渐降法。

◉ 登门槛技术

也叫**阶段要求法**。人们在获得对方的认可时，可以先提出一定能够获得对方认可的小要求，这是为了提高之后提出的更高要求被认可的可能性。在这种情况下，对方因为承诺了小要求，所以很难拒绝第二个更高要求。相反，如果先提出高的要求，被拒绝后再提出小要求叫**留面子技术（让步要求法）**。这种情况下，因为对方拒绝了最初的高要求，所以对之后提出的小要求做出让步。

说服的两种方法

如果你了解了人被说服时的心理过程，那么说服的方法会被应用到各种各样的场景。

说服性沟通

一面提示	只传达事物的优点，人们会欣然接受。
两面提示	如果优缺点都说的话，会得到对方的信任。
回旋镖效应	即便觉得说服了对方，但也有人会突然改变态度。

2 博弈论中的胜负问题

博弈论原本是匈牙利的数学家**冯·诺伊曼**（John von Neumann, 1903—1957）以游戏为模型思考人们在进行现实经济活动时的行为模式。

在这之后，美国的数学家**约翰·纳什**（John Nash, 1928—）补充了**非合作博弈**，由此产生了**纳什均衡**这一概念，博弈论作为经济理论得到了深化。

作为博弈论的代表有**零和博弈**和**非零和博弈**。零和博弈（**Zero-sum game**）是指一方是胜者的话，另一方一定是败者，**两者的得失分数总和通常变成零**。赛马等赌博就符合这个理论，它是由于胜者分享从败者那里得到的资金。如果双方彼此经常是对立的关系，那么就不会相互合作。

相反，非零和博弈（**Positive-sum game**）是指一个人的利益未必会给其他人带来损失。当然，也有可能都成为败者。用来解释这一点的是**囚徒困境**。为了让两个犯人招供，警察告诉双方"如果你能坦白的话，就可以缩短你的刑期"等条件。犯人面临着"我应该和共犯合作保持沉默，还是背叛共犯招供"的二选一困境。

这种困境在政治、经济分析中是不可或缺的。例如，在价格破坏竞争中，企业展开降价竞争，最终同归于尽，以及各国围绕核开发和核抑制的想法等。博弈论超越了原有的框架，并被广泛应用到各个领域中。

！ 必备知识点

◉ Chicken race（小鸡博弈）

Chicken 在英语中是胆小鬼的意思。所谓**小鸡博弈**是指两部车对着悬崖进行一场比耐力的较量，如果打了方向盘就输了，但如果从悬崖上掉下去就死了。因为不想被对方说是胆小鬼，所以双方都不能停止暴走。

把这个应用到博弈论中，倘若两个人都打了方向盘，那么双方打成平手，如果一个人打了方向盘就输了，另一个人就成了胜者。两个人都不打方向盘那两个人就都输了。

现在，美国背负着巨大的债务，向美国提供贷款的各国对什么时候能从美国撤回资金感到迷茫，太晚就会导致破产，提前打方向盘或许就错过了经济成长的机会。另外，如果某个国家打了方向盘，可能会引起连锁反应，各国也相继打方向盘。可以说，世界经济正处于"小鸡博弈"的真正阶段。

胜负难分的游戏

如果一方受益，另一方损失就是零和博弈，两者得分总和为零。反之对方未必会受益的是非零和博弈。

零和博弈

A \ B	✊	✌	🖐
✊	0	1	−1
✌	−1	0	1
🖐	1	−1	0

非零和博弈（囚徒困境）

A \ B	坦白（背叛）	沉默（协调）
坦白（背叛）	4年 / 4年	5年 / 无罪
沉默（协调）	无罪 / 5年	3年 / 3年

是应该合作保持沉默，还是背叛？自己认为是最合适的选择，但有时并不是最合适的选择。

会议心理学研究座次安排的意义

任何工作都离不开**会议**。销售会议、部长会议、战略会议、小组会议等，人们地位越高，越会被会议牵着鼻子走。会议中人们所坐的位置不同，起到的作用也不同。

比如，领导通常坐在能够纵览会议全体的位置（▶如图长方形桌子的 A 和 E）。坐在这个位置上的领导，主导着会议，会有条不紊地做出决定。C 和 G 也都是领导坐的位置，但总的来说是重视和谐大局的人坐的位置。所以，领导坐在 A 和 E，信赖的下属或副总坐在 C 和 G，会议才能够顺利地进行。而坐在剩下的 B、D、F、H 的人是不想积极参加会议的人。

美国心理学家**斯汀泽**研究了小团体的生态，他发现了以下三种效应。第一，开会时想坐在和自己以前争论过问题的对象的对面；第二，在其他人发言完下一个发言的，多数情况下都是反对意见；第三，领导能力弱时，坐在正面的同事就会窃窃私语，领导能力强时，则是旁边的同事窃窃私语。把这些综合起来就是**斯汀泽效应（斯汀泽三原则）**。这个斯汀泽效应据说在日本的国会上也得到应用。

会议桌子的形状也有意义，全体交换意见的时候，圆形桌子比较好。这是因为圆形桌子不像长方形桌子那样有棱角，因此不会因人们所坐的位置不同而产生力量关系，便于大家自由发言。

❗ 必备知识点

◉ Luncheon Technique（午宴技巧）

人类的大脑总是能清晰地记得心情愉悦时的情景。心理学家**格雷戈里·拉兹**

兰认为人们边吃饭边和对方交涉话题，美味的饭菜和愉快的时光积极地联系在一起。利用这种心情舒畅的感觉就是**午宴技巧**。Luncheon 是英语，表示"有点耍派头吃午餐"的意思。

比如，人们起边吃午饭边洽谈时，发挥午宴技巧的作用，"好吃"的记忆和"洽谈"的记忆相结合，组成"心情愉悦的洽谈"的记忆发挥了**"结合原理"**的作用，所以给对方留下了好的印象。在政界，人们就经常使用这种 手法。

当然，这不只是限于午饭，因为晚上的聚餐会给人一种严肃的印象，而且普遍消费也高。所以在这点上，午饭更能让人们轻松地交谈。

而且这个技巧不只限于商务场合。如果你想和认识不久的人拉近距离时，这个技巧也很有效。

会议的流程由座位决定

开会时，人们选择坐在哪个位置，就能看出那个人的资质。为了让会议顺利进行，位置的坐法也很重要。

长方形桌子

A 和 E 的位置很容易引起人们的关注，因为这个位置能纵览全体，所以倾向于领导坐的位置。另外，C 和 G 往往是领导助手所坐的位置。

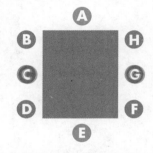

圆形桌子

圆形桌子因为没有一个地方能引人注目，因此各个成员容易发表自己的意见。

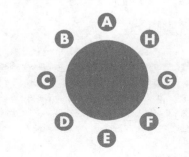

八面玲珑就没有好处

如图，有一只很饿的驴子。离驴3米的地方，放着装满水的桶和盛满了饲料的桶。水桶和饲料之间距离也是3米。那么，你觉得驴会去哪边呢？

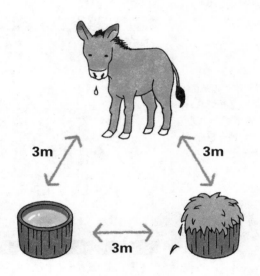

3m   **3m**

3m

解答

答案是驴会被困在原地，既不选水也不选饲料，最终饿死了。

这个是布里丹毛驴效应的典故。由于毛驴哪个都想要，但不知道先从哪个下手，结果导致哪个都没有选，最终饿死了。

这也是人类"迷茫"的原型。A先生和B先生哪个人都觉得好，八面玲珑地应对两个人，结果是哪个人都没得到，导致恋爱失败。人生是连续的两者选一。站在人生的十字路口，请记住无论选择哪一个都会后悔。

失去健康生活的心理学

压力过大引发疾病

生活中我们都能感受到**压力**。压力指**身心超负荷的状态**。加拿大生理学家**汉斯·塞里**（Hans Selye，1907—1982）将产生压力的因素称为**压力源**，将由此引起的心理和身体的变化叫**压力反应**。

压力也可以说是对刺激的反应。只要我们活着就逃不过压力。压力分有益压力和有害压力。前者是一种激励自己、给予勇气的刺激和状态；后者是指对自己产生不良影响的刺激和状态，如不良的人际关系、焦虑、疲劳过度等。

如果长时间承受有害压力，或者承受很强的压力，我们的心里会感到疲惫不堪，甚至有的人会生病。如果是职场压力过大的上班族，就会对工作失去热情，陷入抑郁症（▶P204）；如果是年轻女性，焦虑情绪越积越多，就会得厌食症或暴食症等**进食障碍**（▶P214）。另外，突然出冷汗，呼吸困难的**惊恐障碍**（▶P212）等也是压力过大导致的。

压力源大致分为以下四种。（1）**物理性压力源**（寒冷、噪音、放射线等）；（2）**化学性压力源**（缺氧、药物过剩、营养不足等）；（3）**生物性压力源**（病原菌、炎症等）；（4）**精神性压力源**（人际关系的纠纷、愤怒、焦虑、憎恨、紧张等），这是导致精神烦恼最多的，解决对策也是很复杂和困难的。

♥ 心理学的巨匠

◉ 汉斯·塞里

他发表压力学说时 28 岁，被称为天才生理学家。他由"生物在任何刺激下都有一个共同的反应"这个假设开始研究，并推导出压力学说。

❗ 必备知识点

◉ 一般适应综合征

塞里提出的**GAS**（General Adaptation Syndrome）也就是代表压力反应的词语，是指为了适应产生**压力**的**压力源**而引起的**生理性反应**。当生物面对寒冷、湿度、光线、疼痛、疲劳、恐惧、焦虑等各种各样的压力源时，要经过以下三个阶段的生理性反应。①**警戒反应期**（混乱）：一旦受到压力的刺激，抵抗力暂时变弱，再次提高抵抗力的阶段。②**抵抗期**（适应）：对抗压力，提高身体抵抗力的阶段。③**疲惫期**（衰退）：越过防御反应的界限，对压力的抵抗力再次变弱的阶段。

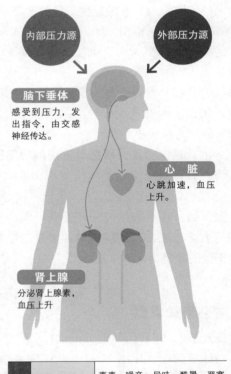

压力形成的原理

长期承受压力，会使身心处于疲惫状态，最后引发各种各样的疾病。

内部压力源　　　外部压力源

脑下垂体
感受到压力，发出指令，由交感神经传达。

心脏
心跳加速，血压上升。

肾上腺
分泌肾上腺素，血压上升

压力源	外部压力源	毒素、噪音、异味、酷暑、严寒等物理、科学、生物的刺激。
	内部压力源	熬夜、不规律的饮食、生育、人际关系等使人劳心劳力的状况。

减轻压力的方法

　　被**压力**折磨的人和微笑面对困难的人，他们的不同之处是什么呢？美国心理学家**理查德·拉扎勒斯**（Richard Lazarus，1922—2002）在日本早稻田大学进行了以下实验。他将被试者分成四组，让他们分别看澳大利亚原住民割礼仪式的影像，并分析他们的心理状态（► 如右图）。结果，提供开场白"割礼仪式对少年来说是喜悦的"和"看这个是为了观察未开化的文化"的小组相较于提供开场白"割礼让少年感到痛苦"和什么开场白都没给的小组，前者的压力反应更小。

　　也就是说，**压力根据对方理解的不同而有所减轻**。拉扎勒斯认为，有针对压力的具体情况所采取的行为，也就是**应对**（coping）。比如，工作中的压力，人们可以通过努力增强自己的能力来克服。而且在克服的时候还能获得无法形容的爽快感。承受过重的压力会造成心理问题，但如果是适度的压力，相反也会成为激发干劲的原动力。

❗ 必备知识点

◉ 压力管理（Stress management）

　　是指为了不产生压力，或减轻压力而采取的各种方法。

　　比如，塞里（► P196）提出的**压力反应学说**中，通过避免产生压力反应来防止压力的产生。此外，心理学家**霍尔姆斯**（Holmes）还提出了**压力刺激学说**，认为只要调整成为压力源（刺激）的环境就可以防止压力的产生。拉扎勒斯提出的**压力关系学说**是指通过认知、调节压力环境，重新审视应对压力的方法，以减轻短期、长期的压力反应。

　　由此诞生了**应对**（coping）的概念，这个单词原本是 Cope，表示应对的意思。

受众不同，压力程度也不同

拉扎勒斯分别让四组看澳大利亚原住民割礼仪式的影像，并事先做了不同的说明后再让他们观看，然后观察他们压力反应的差异。

实验结果			
	A组	**B**组	**C**组	**D**组
事先说明	"割礼让少年感到痛苦"	"看这个是为了观察未开化的文化。"	"割礼仪式对少年来说是喜悦的"	没有任何说明，让其直接观看影像
压力度	高	低	低	高

压力反应程度根据开场白的变化而不同

◎**割礼仪式**
澳大利亚等地原住民，由于宗教原因，作为成年男子礼，进行切除部分性器官的仪式。

拉扎勒斯的八种应对法（自己能做到的压力应对方法）

❶ 正面对抗压力，改变现状积极地行动。

❷ 和制造压力的状况保持距离，把压力降到最低。

❸ 针对压力状况，控制自己的感情和行动。

❹ 为了消除压力，寻求信息收集和心理咨询等援助。

❺ 在压力状况下，认识到自己的责任，调整事物。

❻ 试图回避压力状态。

❼ 为消除压力而努力思考。

❽ 改变压力环境，让自己成长。

压力易感型和压力耐受型

生活中既有容易产生过高压力的人，也有不易产生压力的人。美国医学者**迈耶·弗里德曼**（Meyer Friedman）和**雷 H·罗森曼**对心脏疾病患者进行了一项调查，发现他们有几个共同的行为模式，并将他们的性格分成了 **A 类型**和 **B 类型**。A 类型是有野心、攻击性的，容易引起血压上升和心脏疾病发病的性格。B 类型是非攻击性，很难生病的性格。此外，美国心理学家**迪莫·休克**认为，容易患癌症的人都有一个共同性格，那就是 **C 类型**——自我牺牲、关注周围人、忍耐力强。

A 类型是主动选择压力大的生活，没有意识到压力的人。B 类型是始终我行我素的人。而且，研究表明，A 类型的人比 B 类型的人更加易患心脏病。C 类型的人很容易在人际关系中产生压力。

综上，即便是相同的压力状况，由于人们的性格不同，他们对压力的感知方式和应对方法也会不同。

Psychology Q & A

Q：我的丈夫因为加班，总是深夜才回家。他说因为工作，所以没办法，这样真的没问题吗？

A：您丈夫可以说是典型的**工作狂**（**Work Holic**）状态。这也和**心身耗竭综合征**（**Burnout syndrome** ▶ P218）有关，这种状态有一个特点，就是承担过多的工作量，不休息地持续工作。

人们为什么会工作上瘾呢？这是因为他们被赋予了"工作比什么都重要"的价值观，所以他们精神上会被逼到做工作之外的事情就会感到不安。常见于采取上面 **A 类型**行为的人。

他不顾及家庭和自己的健康，最糟糕的是还会有**过劳死**的危险。您应该立刻向公司控诉您丈夫的现状，尽可能地改善状况。

你是 A、B、C 类型中的哪一种

容易产生压力的性格是 A 类型；反之，很难受到压力的性格是 B 类型；容易患癌症，或容易因人际关系消沉的性格是 C 类型。它们分别具有以下特征。

☐ 喜欢冒险行为，工作狂。	☐ 工作不会过度劳累。	☐ 容易积累负面情绪。
☐ 喜欢竞争，有强烈的达成目标的欲望，有野心。	☐ 重视家庭和自己兴趣等私生活。	☐ 容易在人际关系中受伤。
☐ 嘴快，腿脚快，吃饭快。	☐ 性格稳重。	☐ 对周围人顺从，不主张自己。
☐ 在意他人的评价。	☐ 不在意他人的评价。	☐ 为了他人而牺牲自己。

⬇ A 类型

⬇ B 类型

⬇ C 类型

我是最努力的！

压力度 高

不要郁闷啦……

压力度 低

我已经不行了。

压力度 高

环境变化带来的压力导致适应障碍

　　人们在一生的各个转折点都会体验到环境的变化。比如，刚步入社会走进职场，岗位变动或工作调动都是变化。**适应障碍**是由于这种环境的变化产生的**压力**导致出现身心障碍，进而影响社会生活的状况。人们会伴有抑郁情绪和不安的症状，身体症状有进食障碍、痉挛、头痛等，行为上无故缺勤或说谎等，会引起人们极端的变化。

　　刚进公司的新员工和大一新生等常见的**五月病**可以说就是其中的代表。他们进入一个和以往完全不同的环境，在什么都不懂的状态下进行工作，会感到身心俱疲。另外，作为社会人的第一年也是认识到"我能力所及的事"和"我可以做的事"这两者之间的差别的时期。人们为适应这样的环境，采取心理**防御机制**（防御反应▶P150），但如果心理压力超过限度，防御机制就会失效，最终会导致五月病。

　　适应障碍属于轻度的精神疾病，是**抑郁症**等疾病的源头，轻视它后果是很危险的。

❗ 必备知识点

⦿ 主人在家压力综合征

　　对于退休后的丈夫经常在家，导致妻子感到强大的压力，身体也出现了异常，日本心理医生**黑川顺夫**将这种状态称作**主人在家压力综合征**。其中也有丈夫自谋职业在家工作的情况。

　　这些情况的共同点是，丈夫总是待在家里看电视，一日三餐都要精心准备，被事无巨细地干涉等，因此妻子会有一种强烈的从未有过的束缚感。

　　这样的妻子，有很多是一直听从于大男子主义的丈夫的女性，她们因为无法向丈夫表达自己的心情而变得压抑，身体方面也出现胃溃疡和高血压、过敏性肠综合征、四肢无力等症状。

　　这也可以说是一种适应障碍。

易患适应障碍的时期

　　人们无法适应升学、就职、结婚等人生转折点所经历的环境变化，由于这些压力而引发适应障碍。

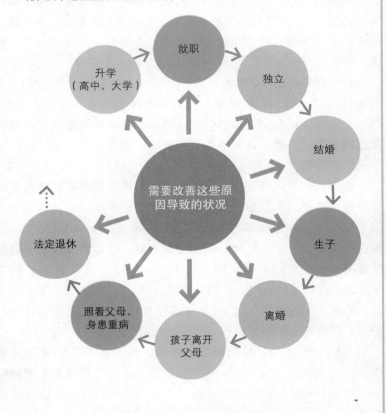

一旦压力超过限度，防御机制就失效了。

司空见惯的病——抑郁症

抑郁症是指人们患有忧郁、担惊受怕、焦躁不安等**情绪障碍**（▶如右图），主观感到强烈痛苦的疾病。其症状在精神方面表现为情绪低落、兴趣减退、注意力不集中、丧失自信、想自杀等。身体方面症状表现为睡眠不足、食欲减退、体重下降等。

日本的**抑郁症患病率**大约为 1%～5%，每 100 人中就有 1～5 人患抑郁症。而且，如果加上没有去看医生的人，人数会更多。所以，这可以说是司空见惯的病。另外，**自杀和抑郁症之间存在密切的关系**。因此，日本厚生劳动省面向都道府县、市町村制定了相应的对策。

抑郁症的原因我们还不是很清楚，但**压力等外在因素**被人们认为是最主要的因素。比如，和妻子（或丈夫）的生离死别、离婚、辞职等人生重大事件，以及晋升、搬家、生育等日常事件，都会产生压力。另外，**神经递质（血清素、去甲肾上腺素）的调节障碍**也被视为一种重要因素。

易患抑郁症的人们在性格上表现为：（1）一丝不苟、勤奋、善良、照顾周围的人；（2）悲观、在意细节的人；（3）过于自恋，精神上不够成熟的人。

虽然抑郁症是一种**周期性的疾病**，几个月或几年就能得到改善，但由于发现得晚，有时会被医生诊断为胃炎或**更年期障碍**等。将内心的痛苦向医务人员充分地诉说也可以说是改善症状的捷径。

❗ 必备知识点

◉ 双相情感障碍

是一种表现为情绪低落，活动减少的抑郁状态和与其相反的情绪高涨，活动增多的躁狂状态交互表现的精神障碍，一般叫**躁郁症**，是**心境障碍**的一种。

双相情感障碍分成两种：一种是Ⅰ型，表现为单向的抑郁发作或躁狂发作；另一种是Ⅱ型，表现为抑郁并伴有躁狂的混合发作。抑郁症有食欲低下，失眠等症状，完全治愈的情况也很多，而双相情感障碍是Ⅰ型、Ⅱ型，容易导致贪食和嗜睡同时发生的情况，也容易导致慢性化的特征。躁狂和抑郁症状的反复发作，因个体间的差异而不同，既有几个月到几年发病的情况，也有以天为单位反复发作的情况。需要周围的人密切关注。

◉ 认知歪曲（妄想性认知）

看待事物非黑即白，进行非全即无的思考（All or no thing thinking），一两次失败就认为下次还会如此，**过分概括**（Over generalization），对事物的理解过于极端，这在抑郁症患者中很常见。

心境障碍

是指长时间无法控制情绪波动，感到强烈的痛苦，社会活动也变得困难的状态。根据美国精神医学会制订的 DSM–Ⅳ–TR 的分类如下。

心境障碍		
抑郁症障碍	重度抑郁障碍	表现为抑郁症症状。
	情感协调性障碍（精神抑郁症 ▶P206）	没有严重到重度抑郁障碍的程度，抑郁状态呈慢性的。有时非典型抑郁症(▶P206)也被划分在这里。
	无法确定的抑郁障碍	包括月经前抑郁情绪等。
双相障碍	也叫躁郁症，双相情感障碍。躁狂状态和抑郁状态反复发作。即使恢复了，也会再次复发。	

◎一般的抑郁症是指重度抑郁障碍，抑郁症分为轻度、中度、重度三种类型。

205

容易被看作自私的非典型抑郁症人数不断增多

近些年，新型的抑郁症，即**非典型抑郁症**人数在不断增多。由于对其还没有明确的定义，为了方便我们才这样称呼。美国精神医学会制订的 **DSM–IV–TR**（2000 年方针）中介绍此类疾病和抑郁症一样，都是**心境障碍**的一种。

非典型抑郁症在症状上表现为情绪低落、不安、烦躁、头痛、恶心等，与以往的抑郁症具有相似的症状。其特征是**如果有令人满意或对自己有利的事情时，心境就会变好**。比如，他们上班或去学校前表现为抑郁状态，而工作一结束就突然变得精神起来，周末也会精神抖擞地出去玩。另外，**贪食**和**嗜睡**也是非典型抑郁症的特征。对于自己被他人拒绝而变得过于敏感。这些人，会表现出对**社交不安（对人恐惧）**的倾向。

由于这些独特的症状，非典型抑郁症的人会被周围人偏见地认为是一个自私的人，或者是不成熟的人。但是，对本人来说真的很痛苦，是一种不知如何是好的病。

希望企业管理层和负责员工心理健康的人员能够事先了解抑郁症不只有常见的抑郁症（**重度抑郁障碍**），也有这种类型的抑郁症。另外，不要盲目地认为对方"懒惰"，就训斥他，而是应该去找他商量，或者建议他去看心理医生，来治疗心理疾病。

❗ 必备知识点

◉ 精神抑郁症（Distimia）和忧郁亲和型抑郁症（Melancholy）

精神抑郁症也叫**情感失调综合征**，也是**新型抑郁症**的一种。以前也叫作**抑郁神**

经症。

和**自恋型人格障碍**相似（▶ P234），表现为其他惩罚性逃避性的性格。其特点是多见于 30 岁左右的年轻人。由于从小被过度保护养育等，无法形成自我，因此不擅于与他人交流而发病。

忧郁亲和型抑郁症，德国精神科医生**特伦巴赫**（Terenbach）根据患有一般抑郁症病人的性格具有的共性而命名的，中年期之后表现为细心勤奋的人容易患此病。

◉ 述情障碍

（Alexithymia）

也叫作**情感难言症**，其特征是无法沟通交流、不懂得变通、缺乏想象力、不擅于人际交往、事无巨细地机械地说明事物。具有**述情障碍**的人容易患抑郁症。

容易被误解为懒惰的非典型抑郁症

非典型抑郁症与传统的抑郁症有很多不同的症状，所以很多人不把它当作是一种疾病而忽视。

	传统的抑郁症	非典型抑郁症
饮食	没有食欲	暴饮暴食
睡眠	失眠	嗜睡
情绪状态	一直情绪低落	做喜欢的事情心情就好

内心冲突无法调和
导致神经症

由于过度的压力和疲劳，引发身心的各种各样的症状被称为**神经症（焦虑症）**。旧称叫**神经官能症**，人们还经常把它和精神病混淆。当然这不是精神病，而是一种超过了健康人平时所体验到的对身心的感觉和情感限度的状态。比如，有的人不洗好几次手心里就觉得不舒服的**不洁恐惧症**也是其中之一。

神经症主要是人们想要逃避社会的状态和行为，最终导致给自己生活带来障碍的**社会焦虑障碍（恐惧症▶P210）**。除此之外，还有表现为对任何事物都感到不安的**惊恐障碍（▶P212）、强迫性障碍（强迫症）（▶下面）、情感失调综合征（▶P206）、分离性障碍（歇斯底里综合征）、神经衰弱、人格解体障碍（离人神经症）（▶下面），心境障碍（躁郁症▶P205）**等。

一般患有神经症的人性格过于内向。还有理性且执着、感受性强、有上进心的人容易患这种病。当人们的这些方面过于偏激时，内心冲突无法调和从而导致神经症。

❓ 详细解析

◉ 强迫性障碍（强迫症）

特征是在人们脑海中出现某个想法或画面，并无法从脑海中消失，以及如果不持续、反复进行某个行为就无法冷静的**强迫行为**。虽然自己也觉得很可笑，但为了打消伴随的强迫观念，不得不重复这些行为。

比如，平时生活中反复确认关门的**确认强迫、整理强迫**等。

◉ 人格解体障碍（离人神经症）

也叫离人症，这是一种感觉不到自己生活在现实中的症状，有一种从外界观察自己的感受，好像做梦一样，仿佛透过屏幕看风景。即使被人们包围，也会感到孤独。

容易患神经症的人

神经症是由压力和疲劳引起的各种各样的精神障碍。什么性格的人容易患神经症呢?

自我反省、理性、有意识

优点:认真,责任感强,能自我反省。

缺点:即使小缺点也不能忽视,这会导致自卑感。

过于执着

优点:执着于事物,坚韧不拔,做任何事情都很努力。

缺点:过于执着,处事不够灵活。

感受性强

优点:喜欢照顾人,细致,很细心。

缺点:过于担心,遇到一点小事就会焦虑。

上进心强

优点:为了目标不懈努力。

缺点:完美主义,一点点不完美就会感到失落。

受儿时经历影响的社交恐惧症

社交恐惧症是一种连日常生活都无法自理，和他人接触时出现紧张、发抖、无法接电话等的疾病。据说有这种症状的人以女性居多，大约是男性的两倍。尤其是 20 岁到 30 岁的人，他们工作后进入社会，对新环境感到困惑，同时也是结婚、生子等人际关系变化，烦恼最多的时期。因此，他们遭受到前所未有的痛苦和麻烦。

据说人们患社交恐惧症的背景是受到幼时经历的影响。比如，这个人原本就是神经性体质，被朋友看到在学校被老师批评而害怕出现在公众面前，在演讲会上由于失败被大家嘲笑，从此之后再也无法在人们面前讲话等，每个人都有过这些苦痛的经历和想法。

这样的症状，以前很多时候会被说"心情不好"而不被理睬，但现在得了**社交焦虑障碍（恐惧症）**就需要大家的帮助。话虽如此，但本人经常不寻求帮助也是事实。因此，也有可能导致其变成**蛰居族**（▶ P216）。于是，周围的人便意识到这种状态是一种疾病，为了让为此烦恼的人积极面对治疗，帮助他们是很重要的。

治疗方法有**药物疗法**和**认知行为疗法**（▶ P240），但实际上这两个方法结合的情况较多。另外，同时并发其他精神疾病的概率也比较高，希望人们能尽早就诊。

❗ 必备知识点

◉ 社交焦虑障碍量表

用于诊断**社交焦虑障碍**（SAD = Social Anxiety Disorder）的严重程度，一

般 称 为 **LSAS**（Liebowitz Social Anxiety Scale：**李伯韦兹社交焦虑障碍量表**）。

LSAS 量表一共有 24 个项目的问题，回答分为"恐惧/焦虑"和"回避"两个部分，每个部分分别按照从 0 到 3 四个层级进行评分。然后，根据得分评估出正常人、边界、轻度、中度、重度。

LSAS 问题中有以下内容：

① 当众打电话

② 参加小型团体活动

③ 在公共场所吃饭

④ 和人们一起在公共场所喝酒（饮料）

⑤ 和权威人士交流

⑥ 在观众面前做某事或说话

⑦ 参加聚会

⑧ 在别人的注视下工作（学习）

⑨ 在别人的注视下写字

⑩ 给不认识的人打电话等

社交恐惧症的类型

社交恐惧症是因为过于在意他人的存在而导致的疾病，认真且完美主义的人更容易患此病。社交恐惧症有以下几种类型。

脸红恐惧
一站在人们面前脸就变红。

演讲恐惧
在会议或婚礼上讲话时，会感到强烈的压力。

对视恐惧
在意被他人观察等，害怕他人的视线。

聚餐恐惧
吃饭时被他人看，就变得不敢吃。

电话恐惧
电话一响，心跳加速，无法接电话。

书写痉挛
在人前一写字手就发抖。

突然感到异常恐惧的惊恐障碍

惊恐障碍是指，某天突然感到强烈的不安并伴有**惊恐发作**（**焦虑发作**）。强烈的悸动、气喘、盗汗、恶心、头晕等惊恐发作持续 30 分钟左右（最长 1 个小时）症状就会消失。发作时，人们会感到自己是不是疯了，会不会死掉等，被痛苦和强烈的恐惧袭击。

惊恐发作具有反复性。频率因个体差异而不同，既有一天内发作多次的人，也有一周内发作一次的人。那么，在多次发作之后，"那痛苦会不会又来袭""如果在人前发作该怎么办"，人们被这些**预期的不安**所折磨。可以说自己无法控制症状的恐惧是这个疾病的最大特征。

另外，也有很多人伴有**广场恐惧**（身处无法逃离地方的恐惧）的情况，像在电梯和电车、出租车里等不能轻易逃跑的场所，会突然惊恐发作。因此，这些人变得越来越讨厌外出，行动范围和生活环境逐渐缩小，并陷入**抑郁状态**。

近些年惊恐障碍有增加的倾向，其中以女性居多。有以下原因：容易患惊恐障碍的体质（父母是患者的情况下，本人患病率会提高）；压力和过度劳累也成为发病的诱因；与中枢、末梢神经调节障碍有关；儿时和父母的生离死别等环境因素。

❗ 必备知识点

◉ 暴露疗法

是**惊恐障碍**和 **PTSD**（**创伤后应激障碍** ▶ P222）的治疗方法之一，通过让患者接触对其来说痛苦的对象，使其心理状态恢复正常的疗法。用于治疗 PTSD，就是让患者经历**创伤体验**（肉体上、精神上受到刺激后，长时间造成心理创伤）；用于治疗惊恐障碍，就是让患者逐渐适应**惊恐发作**的源头刺激和状态。比如，在众人面前产生惊恐的患者，一点点把他们带到人群中逐渐去适应。

✳ Psychology Q & A

Q：我姐姐几年前惊恐障碍又发作了，有可以自己在家就能改善症状的方法吗？

A：有一种让身心放松而有效的训练——**自律训练法**。首先坐在椅子上或仰卧，自我暗示手脚很沉，自己很温暖。进而暗示心脏有规律地起伏，呼吸也变得轻松等。通过这些暗示，能够起到让自律神经系统恢复正常运作的效果。

恐惧死亡的惊恐障碍

惊恐障碍的最初发作是毫无征兆的。正如字面意思，有时会变得惊恐，甚至会叫救护车的情况。

惊恐发作

发作通常会持续30分钟到1个小时，然后就消失了，但会有反复性，人们因此会陷入再次发生的预期焦虑。

广场恐惧

对拥挤难以逃离的场所——电车、电梯等感到恐惧，由此导致不敢外出。

7 恐惧肥胖而极度节食导致的进食障碍

　　进食障碍患者中以青春期和青年期的女性居多，正如字面意思，这是指进食出现问题的疾病。其症状分成**神经性贪食症（贪食症）**和**神经性厌食症（厌食症）**。

　　贪食症是人们无法停止吃东西，反复出现一次性吃大量食物的行为。但是，**自己对这样做产生自责的念头**，害怕自己变胖，采取绝食、呕吐、吃泻药或洗肠等行为避免长胖。如果经常这样做，就有引起食道炎、牙齿损坏、低钾血症等危险。

　　厌食症是**深信自己过于肥胖**，即使瘦了也还要持续减肥的情况。由此会导致闭经、低体温等，最坏的情况，甚至会有饿死的危险。

　　这两种情况都是因为减肥而导致的疾病，也有对性成熟的矛盾和排斥感而发病的情况。另外，在性格上，认真、完美主义倾向强的女性也容易患此病。在环境方面，则可能是因为人际关系问题带来的**心理压力**，尤其是**和母亲的关系**出现问题——因为从小听母亲的话长大的，但长大后变得无法承受，借着减肥而变成进食障碍，以及在没有形成很好的依恋情况下成长的人，因为叛逆想极度控制自己身体的欲望。

　　治疗方法上有**行为疗法、认知疗法、精神分析心理疗法、家庭疗法**（▶右面）等，以什么作为治疗目标，以怎样的观点来看待进食障碍，治疗方法也会不同。

！ 必备知识点

◉ 家庭疗法

进食障碍的治疗中，不只患者本人，患者的家属也存在同样的问题而共同进行的**心理疗法**，被称为**家庭疗法**。成为家庭疗法对象的家庭，通常被**家族神话**所支配。

比如，出身名门的孩子遭遇人生的失败，被挫折感折磨得了**厌食症**，就可能是被"××家的人必须这样"的家族神话所来得。在家庭疗法中，让所有家庭成员注意到这些家族神话潜移默化地影响着孩子，从而消除家庭内矛盾。

◉ 身心症

与进食障碍一样，由压力导致的各种各样的内科疾病，叫**身心症**。

身心症有**过敏性大肠炎、偏头痛、支气管哮喘、高血压、糖尿病、斑秃、美尼尔氏综合征**等很多疾病，症状出现的部位遍及全身。

进食障碍的发展过程

贪食症也罢，厌食症也罢，都是因为减肥导致的疾病，各种各样的压力会引起进食障碍。

贪食症	厌食症
因为吃多了而感到罪恶感，反复呕吐。	不管多瘦都认为自己很胖，无法吃东西。

想吃东西的强烈冲动	由于压力导致食欲低下，并进行减肥

短时间内摄取大量食物	刻意不吃东西

绝食、呕吐、吃泻药等净化行为。	想吃也吃不下

拒绝社会和家庭的社会蛰居族

在患有**抑郁症**（▶ P204）和**神经症**（▶ P208）的人中，有因为强烈的不安和恐惧而蛰居的人。**蛰居族**是指几乎所有的时间都待在自己的房间里或者家里，逃避社会活动的人。最近，没确诊为精神疾病而蛰居的人也逐渐增多（**社会蛰居族**）。通常所说的蛰居指代社会蛰居族。据说 2005 年日本全国蛰居人数达到 1600 万人以上（根据 NHK 福利官网调查），其中的 6 ~ 8 成是男性。"蛰居"这个词是自日本平成时代产生的。

日本精神科医生**齐藤环**（1961—）对社会蛰居族定义为"20多岁出现问题，持续 6 个月以上躲在自己家里不参加社会活动的状态，很难认定有其他精神障碍。"另外，有很多人长期**逃学**导致就这样过着蛰居生活的例子。

蛰居时间越长，这些人就越会回避和父母对话，每天与游戏和电脑打交道，过着**昼夜颠倒**的生活。甚至也有导致**退行**（▶ P105）的情况。退行常常会引发敲打墙壁、大声喧哗、打碎玻璃窗等暴力行为。

一般来讲，蛰居时间越长靠自己的力量恢复就越困难。仅依靠家人解决问题也很困难。虽然去精神科的就诊很重要，但在此之前也可以去**精神保健福利中心**等公共机构咨询一下。

❗ 必备知识点

◉ 回避型人格障碍

属于 C 类人格障碍（▶ P230），这种人非常在意别人是怎么看待自己的，特征是容易受伤。

有这种障碍的人容易**逃学、蛰居、拒绝上班、患上抑郁症**等。其原因或许是由于**母子关系过密，导致幼儿、儿童期保护过度**。

◉ 家庭内暴力和家庭暴力

由压力、蛰居等内在原因会引起**家庭内暴力**。正如字面意思，是对家人（父母等）行使暴力。另外，对不限于家庭内部**家庭暴力**（Domestic Violence）。

这种情况多用于夫妻之间、恋人之间、父母对孩子实施暴力时。父母对孩子施加暴力时，也会使用**儿童虐待**这个词。

实施家庭内暴力多见于高中学生，一般会经历"好孩子期""沉默期""叛逆期""强迫、脏话期""暴力、破坏期"。

蛰居族的家庭情况

社会蛰居族看似有气无力、懒懒散散，其实自尊心受到伤害，有强烈的自卑感和焦虑。形成蛰居族的背景是什么？

本人	● 曾经被欺负的经历。 ● 逃学。 ● 蛰居前都是认真、成绩好、让人省心的"好孩子"。
父母	● 经济、文化水平高于社会平均水平。 ● 多见于父母团聚的家庭。 ● 父亲缺乏存在感。因工作长期在外等不在家的情况也很多。 ● 母亲认真，一丝不苟。虽然热心养育子女，但很在意面子。
家庭环境	● 有自己的屋子、漫画、视频、游戏、电脑、空调、冰箱等，有支撑蛰居的环境。

饭就放这里了啊！

突然失去干劲的心身耗竭综合征

　　一直有条不紊地工作的人突然失去了干劲，好像身体被燃烧殆尽一样，这就是**心身耗竭综合征（Burnout syndrome）**。最初使用这个词的是美国精神心理学家**赫伯特·J·弗洛伊登伯格尔**（Herbert J. Freudenberger，1927—1999），随后美国社会学家**克里斯蒂娜·马斯拉克**（Christina Maslach）设计出来诊断这个疾病严重程度的 **MBI 量表（马氏工作倦怠量表）**。

　　MBI，将心身耗竭综合征定义为**情绪衰竭、去人格化、成就感低落**三种症状。情绪衰竭是指个体在工作中产生精疲力竭、精神耗损的状态。因为繁重的工作而感到无力、身心俱疲等情绪。

　　为了应对这种消耗感而采取**防御机制**（防御反应▶P150），我们会尽量避免和对方进行**情感交流**，最终会导致去人格化。由于这样的人在对待其他人时会千篇一律，会觉得照顾对方很麻烦，其结果会导致对工作都无所谓的心态。

　　这样一来他们的工作成果便会下降，之前在工作中获到的成就感也会明显降低。个人成就感的降低有时会导致员工停职或离职。

　　近些年，在日本，在大型体育比赛中，选手们完成了他们人生最大的目标后，产生**虚脱感**与严重的精神状态不佳，最终导致心身耗竭综合征的情况越来越多。

❗ 必备知识点

◉ 情绪劳动

　　由美国社会学家**阿利·霍奇柴尔德**（Arlie Russell Hochschild，1940— ）提出，

对服务对象微笑相迎，传达感谢之情是其所在岗位的要求的劳动形式。

除了接待客人等的**服务之外**，**护士、教师**等需要的工作中也多见。

情绪劳动要求即使人们身体不好时也要保持微笑服务。微笑本不应该是人们刻意而为之的，所以这其中也有强颜微笑的人。这样就失去了人们本来应有的情感，由此也有人得了**心身耗竭综合征**。

劳动有需要人们活动身体劳作等的**体力劳动**，也有需要动脑的**脑力劳动**，对情绪劳动感到疲惫的人会转职从事体力劳动的情况比较常见。

◉ 三明治综合征

这是中层管理人员常见的症状，苦于领导和下属的夹攻，还会导致患**抑郁症**（ ▶ P204 ）和**身心症**（ ▶ P215 ）。

对工作充满热情的人很多患有心身耗竭综合征

马斯拉克认为心身耗竭综合征的症状有以下3点。

① 情绪衰竭

心身感到精疲力竭，即使看到美丽的东西也毫不动容。

② 去人格化

对人际关系感到厌烦，也会采取置之不理的态度。

③ 成就感低落

不能达到预期，对工作失去动力。

美容整形也无法满足对外表的执着

　　人们一到**青春期**和**青年期**，无论女性还是男性就会变得非常在意自己的外表。特别是女性从很早就开始对时尚和化妆产生兴趣，近年来人们也逐渐接受男性使用化妆品。

　　人们注重外表礼节是很重要的，但是过分在意自己的容貌就是个问题。一旦陷入"我长得好丑啊"的思维，便很难逃脱，他们很害怕别人眼里的自己很丑陋，从而给自己的人际关系和工作带来影响并导致**躯体变形障碍**（**身体畸形恐惧症** = Body Dysmorphic Disorder，简称**BDD**）。这也是一种**疑病症**或**强迫性障碍**（**强迫症**▶ P208）。

　　这种病青春期发病情况较多，也有持续 10 年以上的情况。由于具有以为自己很丑的**强迫观念**，所以会害怕照镜子，或反复照镜子来确认自己样子的行为。有的人因为觉得自己很丑而反复进行**整容手术**，也有的人由于害怕出现在别人面前而变成**蛰居族**（▶ P216），甚至还有的对自己身体形象进行歪曲而导致**进食障碍**（▶ P214）。当他们的人际关系变得不能和谐相处时，就会以"因为我长得丑，所以人们不愿和我交往"来偷换概念。

　　还有反复确认家人如何看待自己对外貌在意的地方这种情况被称为**家庭卷入型**。由此导致家庭关系破裂，甚至发展成**家庭内暴力**（▶ P217）。通常这种情况下，本人不会认为自己生病了。所以家人与其听从本人的安排陪他们一起去美容院整形，不如为他们找精神科等专业医生商量解决对策更好。

❗ 必备知识点

◉ 躯体形式障碍

压力引起的身体或行为异常症状的统称，也包含前面提到的**躯体变形障碍**。

主要的躯体形式障碍有以下几种。

● **躯体化障碍**：头痛、腹痛、拉肚子等身体各处都有不适的症状，但内科检查却没有发现异常的状态。

● **转换性障碍**：由于压力导致突然变得不能走路等，压力造成身体不适的状态。

● **疑病症**：人们因为身体一点点不舒服，就会担心是不是得了重病的状态。

● **疼痛性障碍**：虽然感觉自己身体隐隐作痛，但是内科、外科都没有发现异常的状态。

◉ Roleplaying

（角色扮演）

心理疗法的一种，为具有**躯体变形障碍**等症状而害怕在现实中与他人交谈的人设想一个实际对话的场景，并在小组内进行对话等，让他们为直面现实做好准备。

关注外表的躯体变形障碍

人们认为自己的脸、鼻子、骨架、身材等外表很丑，于是产生了逃避和他人见面的心理变化。这些人在意的部位不只有一个，甚至有的人还关注到脸和整个身体。

体型　脸　头发　眼睛　额头　嘴唇　鼻子　脸颊　耳朵　牙齿　皮肤　下巴　胸　肩膀　腹　手臂　腰　手腕　脚　性器官　屁股

◎ 这些人即使做了美容外科手术，还是会对结果不满意。需要进行精神科的治疗。

11 造成可怕创伤的 PTSD

PTSD（创伤后应激障碍）在 1995 年，发生的阪神淡路大地震之后，在日本开始受到人们的关注。20 世纪 80 年代，在美国 PTSD 作为从越南战场回国后的士兵们的症状开始受到人们的关注。PTSD 属于**焦虑障碍**的一种，是指在经历犯罪、战争、灾害、事故、暴力、虐待等与死亡临近的危险时，内心遭遇令人感到震惊的事情并造成**创伤（Trauma 心理创伤）**而发病。很多情况下会导致人们立即发病，但也有人会在经历数年后突然发病。

人们一旦患上 PTSD，就想要回避与创伤事件相关的信息，或只回忆起事件的重要部分。另外，他们还会出现神经兴奋、易怒、注意力不集中、过度戒备，睡眠障碍等症状。

PTSD 症状的特征是对**创伤的再次体验**。比如，突然，眼前浮现不愿回忆的创伤，或者反复做关于那个事件的噩梦。由于这些症状造成的痛苦，有的人会通过离婚、失业、对人不安或酒精依赖、药物依赖等方式逃避，最糟糕的是甚至有人不得已而自杀。

PTSD 由受到过度刺激体验的压力所致，因此不能急躁，耐心地跟随他们的节奏进行治疗是很重要的。治疗方法有将这些有同样创伤的人们聚在一起谈话的**团体疗法、行为疗法**（▶ P236）、**催眠疗法、EMDR**（让大脑进入**快速眼动睡眠**状态，疗愈创伤）等。

❓ 详细解析

◉ 分离性障碍

分离是指七零八落。**分离性障碍**是指选择分离这一方法来应对**创伤**的自我保护的手段。人们使自我形成的记忆、意识、运动、视觉、触觉等感觉受损（分离），无法正常运作。

分离性障碍的症状有以下几种。

● **分离性健忘**：丧失数小时至数日间的记忆，感觉就像在空间中移动。

● **分离性神游症**：人们从家庭和职场突然失踪，这期间忘记自己的姓名、职业和家庭情况等。

● **分离性身份识别障碍（多重人格障碍）**：存在多重人格。

● **分离性昏迷**：长时间坐着、躺着，对声音和光等的刺激也没有反应。

● **癔症性附体障碍**：确信被灵魂或神等附身了。

● **分离性运动障碍**：丧失手脚的运动能力，没有他人的帮助就站不起来。

● **分离性知觉麻痹**：皮肤没有知觉，并出现视觉、听觉、嗅觉障碍。

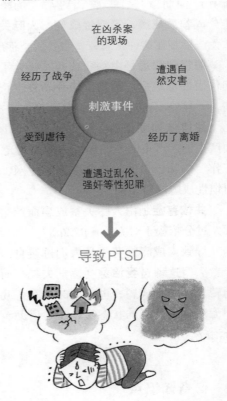

PTSD 的形成过程

PTSD 是指人们过去受到刺激的体验再次出现而形成的各种各样的障碍。责任感强、精神坚强的人容易患此病。

在凶杀案的现场

遭遇自然灾害

经历了战争

刺激事件

经历了离婚

受到虐待

遭遇过乱伦、强奸等性犯罪

↓

导致 PTSD

◎ 闪回记忆、噩梦、悲惨的经历画面反复出现并不断闪回，导致 PTSD。

成瘾是内心逃避现实状态的表现

人们过度追求某种特定的刺激和快乐的倾向叫成瘾（**Addiction**）。简而言之就是对一个事物"痴迷""陷入"的状态。成瘾大体分成**物质成瘾、习惯性成瘾、人际关系成瘾**三种。人们自己如果无法控制住这种状态，就会变成精神疾病，这就是**依赖症**。

酒精依赖症是由物质成瘾（痴迷于改变心情的物质）而产生的代表性依赖症，药物依赖和暴食也符合这一点。人们痴迷于这些，一旦停用这些物质时，就会产生手发抖等**戒断症状**。

赌博依赖症是由习惯性成瘾（痴迷于能让自己兴奋的行为）而产生的。严重时人们连生活费都花光了，甚至会去向他人借钱。工作、购物、借钱、割伤手腕、上网、跟踪、强迫性减肥等也是习惯性成瘾的对象。

共依存症是由人际关系成瘾而产生的。表现为人们痴迷于人际，过分依赖于对方（ ▶P226 ）。

导致人成瘾的背景是人们逃避自己所背负的辛苦而进行自我疗愈。但这种**自我治愈**会逐渐失控。而且，人们有时会由一个成瘾转为另一个成瘾，也有同时拥有好几个成瘾的情况。当人们达到无法自我控制的状态时，需要借助专业医生和周围人的力量进行治疗。

❗ 必备知识点

◉ 震颤性谵妄

谵妄是指人们意识混浊，出现幻觉或错觉的状态。**震颤性谵妄**是治疗**酒精依**

赖症的过程中常见的**戒断症状**。

戒酒时，中枢神经系统兴奋，会产生**虚脱症状**（出汗、手抖、恶心等身体机能失控的状态），这种属于严重的状态。

震颤是指手抖。震颤性谵妄 4~5 天内就会消失，但是也有可能潜藏着肝衰竭或消化道出血等与饮酒相关的疾病。如果放任不管，不久就会引发事故，甚至会引起昏迷甚至死亡。

⊙ **机能不全家庭**

美国社会心理学家**克劳迪娅·布莱克**（Claudia Black）提出的，是指家庭机能丧失的家庭。家里有**虐待**和**疏于照顾**等情况，导致**家庭崩溃**的状态。**成人儿童**是指在机能不全的家庭中长大，即使成人后也会持续有**创伤**（▶ P222）的人。

无法戒掉特定事物的
依赖症

依赖症（嗜好、成瘾）大体分成以下 3 种。

1 物质成瘾

依赖于摄取物质。
- 尼古丁依赖症
- 酒精依赖症
- 贪食症
  （对食物的依赖 ▶ P214）
- 对可卡因等药物依赖

2 习惯性成瘾

工作或赌博等，依赖于特定的行为。
- 赌博依赖症
- 购物依赖症
- 工作依赖症（工作狂）
- 自伤行为（手腕割伤）
- 偷窃癖
- 网络依赖症

3 人际关系成瘾

亲子、夫妻、情侣等，依赖于有限的人际关系。
- 共依存症
  （过于依赖人际关系 ▶ P226）
- 恋爱依赖症
- 性依赖症

遭受暴力也无法摆脱的关系成瘾症

关系成瘾症是指类似于**依赖症**（▶ P224）中的**人际关系依赖**（**Addiction** ▶ P224）的心理疾病，它不是指人们依赖于某件事的行为，而是依赖于特定的人际关系，表现为只关心自己身边人（配偶、亲戚、恋人、好友等）的问题，并热衷于解决这些问题。

典型的例子就是喜欢有严重暴力行为男人的女性。她们即使遭受**家暴**（**Domestic Violence** ▶ P216），即使被勒索钱财，也会认为"他也是有优点的"，并绝对不会和对方分手。不仅如此她们还会说服自己"他没有我是不行的"，并竭力为对方付出。这样做的原因是，在维持和对方的关系中找到了自己活着的证据。

像这样，有关系成瘾症的人对周围人的情绪和行为会产生过度的责任感。他们不擅长表达自己的需求，还有强烈的不安全感。通常他们总是需要他人的评价，以此将"我很优秀""我很受人喜爱"这样的认识带入自己的内心。

有时撒娇是必要的，互相帮助是度过幸福人生的必要条件。

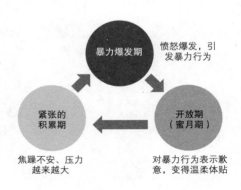

暴力爆发期 — 愤怒爆发，引发暴力行为

紧张的积累期 — 焦躁不安、压力越来越大

开放期（蜜月期）— 对暴力行为表示歉意，变得温柔体贴

但是，如果过度依赖的话，反而不利于建立健全的人际关系。

在整个治疗过程中，首先**打破周期性**。它会阻碍患者接受刺激，破坏患者成瘾进行的回路。为了切断不合时宜的人际关系，需要人们自己认识到关系成瘾症的状况。

必备知识点

◉ 家暴循环

美国心理学家**勒诺尔·沃克**（Lenore Walker）提出的，家暴如左图所示，通过重复三个循环，导致受害程度逐渐扩大。

一般，这三个阶段的循环周期因人而异，但是一旦发生家暴就会逐渐升级，这个周期也会逐渐变短。

被害者认为蜜月期的温柔是真实的，他们有忍耐的倾向。

通过为对方付出来确认自我的关系成瘾症

对家人、恋人等特定人际关系产生依赖的行为叫作关系成瘾症。

你就这么干！

这会给加害者带来压力的积累，不高兴的态度或暴力行为变得越来越明显。

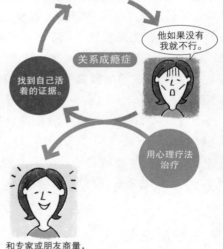

他如果没有我就不行。

关系成瘾症

找到自己活着的证据。

用心理疗法治疗

和专家或朋友商量，变得轻松多了。

◎ 要切断关系成瘾症，接受治疗，客观地看待自己和对方之间的人际关系是很重要的。

无法体谅对方感受的跟踪狂

　　喜欢上一个人对人们来说是自然的情感。但是也有不顾对方的心情，执着地表达"我喜欢你""请和我交往吧"，想和对方交往的人。这就是**跟踪狂**，这种行为叫**跟踪行为**，或者**骚扰**。

　　跟踪狂这个词在日本变得普遍是在 1994 年前后。近年来，因跟踪狂造成的被害和杀人事件等多发，2000 年日本政府颁布了跟踪限制法。跟踪行为终于被认定为是一种犯罪行为，并受到管制。

　　跟踪狂的模式有**被拒绝模式**（和对方有某种程度上的亲密关系，这种关系一旦破裂就引起的行为。亲密程度通常是跟踪狂自以为是的情况），有**渴望恋爱关系模式**（单方面要求发生恋爱关系）、**渴望亲密关系模式**（强迫产生亲密的关系）、**爱恨交织模式**（希望对方感到恐惧和混乱，在这种状态下可以找到自己存在的意义）、**强行实现欲望的模式**（实现自己的幻想和妄想，为得到满足而乘虚而入）等。

　　不过，人们为什么会变成跟踪狂呢？日本精神科医生**福岛章**（▶右面）讲述"跟踪狂的典型行为表现为人们拥有不成熟的心智的心理。"也就是说，由于人们的不成熟形成**妄想性认知**（▶ P205），导致跟踪狂行为。

❗ 必备知识点

◉ 跟踪狂限制法

　　正式全称是《跟踪骚扰规制法》。**纠缠等**和**跟踪行为**成为法律制裁对象。纠缠等是指人们采取埋伏，打无声电话，邮寄污物或淫秽物等行为。跟踪行为是指对同一个人反复"纠缠等"行为，如果实施了以上行为则处以1年以下有期徒刑，以及100万日元以下的罚款。

◉ 跟踪的5种类型

福岛章（1936—）将跟踪狂的心理分成以下5种。

① **精神病型**：执着于和自己无关的明星等产生恋爱的妄想。

② **偏执狂型**：由于妄想而跟踪对方，除此之外的行为都正常。纠缠与自己无关的对象。

③ **边界线型（边缘性人格障碍）**：指个体的人格发育不成熟，性格外向。试图掌控对方。

④ **自恋型**：自尊心强，与拒绝自己的对方纠缠。

⑤ **精神变态型（反社会型人格障碍）**：单方面将自己的欲望强加给对方并想掌控对方。

纠缠表现为哪些行为？

跟踪行为是指反复进行纠缠等行为。为了满足自己的情感和欲望，做出以下行为。

纠缠、埋伏、不请自来	● 尾随、一直纠缠。 ● 埋伏在对方上学、上班途中等。 ● 随意地往来于对方的家、职场、学校等。
告知对方在监视	● 监视对方的家，对方回家后马上给他打电话。 ● 发送邮件并写上他人不可能知道的内容。
要求和对方见面、交往	● 即便被对方拒绝也逼迫其继续交往或复合。 ● 死缠烂打地约见。 ● 强迫对方接受礼物。
粗暴的言行	● 大声地说"混蛋""去死"等脏话。 ● 持续按车喇叭等，进行骚扰。
无声电话等	● 频繁地给对方的手机和公司、家里打电话。 ● 拨打无声电话。 ● 大量地发传真。
邮寄脏东西等	● 邮寄动物的尸体。 ● 将带有精液的纸巾放进邮筒。
损害名誉	● 在网站的留言板上写诽谤中伤等不光彩的事情。 ● 在对方的家附近散发写有坏话的传单。
性羞耻的侵害	● 电话里讲淫乱的话语进行骚扰。 ● 寄淫乱的照片等。 ● 在网上上传对方的裸体照等。

思想与行为偏激的人格障碍

看待事物的角度和行为与他人截然不同，由此导致很难在社会上生活的就是**人格障碍**。比如，有责任心的人会获得周围人信任。但是，责任心过强与不负责任，都会给周围人带来麻烦。德国精神病学家**库尔特·施耐德**（Kurt Schneider，1887—1967）将人格障碍定义为"由于人格的异常，病人自己遭受痛苦，周围人也遭受痛苦"，这种异常可以说是人格障碍的特点。

人格障碍大致分成三种类型：容易陷入不可能想法的 **A 类人格障碍**；情感的表达方式过激，与周围人争辩对抗的 **B 类人格障碍**；对人际关系明显感到不安的 **C 类人格障碍**。

人们普遍认为形成人格障碍是受到父母的影响。在婴儿期没能形成稳定依恋关系的孩子，对周围世界和人的恐惧会铭刻在心里，这也可以说是最大的影响。另外，还有遗传因素的影响。

❗ 必备知识点

◉ 行为障碍

这是在残酷的少年犯罪者中多见的精神障碍。其特征是会引发伤害他人和动物等触犯法律的事件。也有 **AD/HD**（Attention Deficit/Hyperactivity Disorder = **注意缺陷多动障碍**）的孩子由于自尊心的丧失、自卑感的累积而导致行为障碍。

AD/HD 的孩子表现出持续采取过度的反抗、否定态度的 **ODD**（Oppositional Defiant Disorder = **对立违抗性障碍**）并发症的情况居多，他们随着症状的恶化会变成 **CD**（Conduct Disorder = **品行障碍**）。这个从 AD/HD—ODD—CD 的发展过程叫 **DBD**（Disruptive Behavior Disorder = **破坏性行为障碍**）。

人格障碍的分类

人格障碍根据DSM（美国精神医学学会诊断与统计手册）分成以下几种。

A类 人格障碍 性格古怪，易产生偏激行为或语言	偏执型人格障碍	怀疑他人的言行有恶意，无法信任。
	分裂样人格障碍	往往蛰居，无法和他人产生亲密关系。
	分裂型人格障碍	相信预言和迷信、第六感等，不能和周围人很好地相处。
B类 人格障碍 情绪起伏很大，表演型。抗压能力差	反社会型人格障碍	采取违反法律的反社会行为。
	边缘型人格障碍	冲动，感情起伏很大。
	表演型人格障碍	为获得他人的关注而做出做作的行为。
	自恋型人格障碍	希望得到他人的赞赏，缺乏同情心。
C类 人格障碍 不擅长人际交往，容易积累压力	回避型人格障碍	因为害怕被他人拒绝，不能与人建立良好的人际关系。
	依赖型人格障碍	过于依赖他人，恐惧和他人的分离。
	强迫型人格障碍	顽固的完美主义，缺乏灵活性。

边缘型人格障碍——
突然整个人都变了

情绪变化不稳定，对他人的态度和行为急转直下，令人吃惊，这就是**边缘型人格障碍**（**Borderline**）。多发生在青春期或成人期，特征是绝大多数为年轻女性。这个情绪的变化是以小时或天为单位发生的。

这类人会强烈担心自己会不会被抛弃，只要对方稍微露出不高兴的表情或焦躁的语气，他们就会产生自己不被需要的强烈不安。即使在对方看来没有什么特别的理由，他们也会认为那是代表不好的意思。然后，为了让对方回心转意便试图讨好，也有的人会愤怒而冲动地做出**自我破坏行为**。由于他们总是极端地看待事物，即"喜欢或是讨厌""敌人或是伙伴"，因此内心无法得到平静，在寻求爱情的同时，他们也往往陷入很深的孤独感中。

导致这种行为的背景是，他们在幼儿期亲子关系不健全或遗传问题，比如**创伤性**（**心理创伤** ▶ P222）经历等，还有**抑郁症**（▶ P204）和**进食障碍**（▶ P214）等的并发症。

Psychology Q & A

：判断**边缘型人格障碍**的标准是什么？

：根据 **DSM**（美国精神医学学会诊断与统计手册），符合下述 5 个以上的情况就疑似具有边缘型人格障碍。

① 经常有被抛弃感，想要留住别人的心。
② 过于把对方理想化，进而责备对方，人际关系不稳定。
③ **自我同一性**混乱（ ▶ P146 ）。
④ 冲动，反复做出自伤行为。
⑤ 反复暴食、自杀未遂等。
⑥ 情绪极其不稳定。
⑦ 经常有空虚感。
⑧ 无法控制愤怒。
⑨ 由于压力出现分离性障碍（变得和平时的自己不同的心理或意识状态▶ P222）。

边缘型人格障碍人数
增多的背景

边缘型人格障碍的原因虽然有遗传因素，但最重要的还是家庭环境。近些年，为什么这种病会增多呢？

家庭环境中的各种原因

父母自己也想享受	→	孩子是累赘
用物质来代替对孩子的爱	→	亲子关系淡薄
把父母自己的理想和愿望强加给孩子	→	被父母的期待压垮
父母本身患有精神疾病	→	虐待儿童
离婚增多	→	夫妻间感情的淡化
核心家庭化和社区的消失	→	孩子无处可逃
一个人玩的电脑和电子游戏的增加	→	建立人际关系的机会减少

自我价值感夸大的自恋型人格障碍

人们没有**自尊心**就难有真正的幸福。但如果过度自尊的话就会出现问题。**自恋型人格障碍**是指人们无法接受真实的自己，对自我价值感夸大的一种状态。他们认为自己有特别的才能，应该获得周围人的认可和表扬。

由此，他们对他人的评价表现得很敏感，如果遭到类似批评的话时，就会表现出强烈的愤怒。他们由于自尊心过强，所以不能接受挫折和失败，心灵受到极大的伤害时，甚至会变得蛰居。

他们不去理解他人的立场和心情，认为他人只是和自己而已。这也是他们缺乏共情和同情心的表现。

导致他们得这种病的根源是有**自恋**的创伤。有很多人是因为有**母亲的过度保护（溺爱）**或**依恋不足**的失衡经历，也有一些人幼儿期在爱中长大，中途养育者去世导致其经历**依恋剥夺**。

但在艺术等创造性的活动中，这种傲慢、自大、不妥协的生活方式可以说是不可或缺的条件。

❗ 必备知识点

◉ 自体心理学

由海因茨·科胡特（▶ P108）创立的**自体心理学**被称为是治疗**自恋型人格障碍**的理论。

科胡特认为在自我得不到满足而不断受伤的"**悲剧人**"很多的现代社会，这样的人有**雄心、理想化、有学识**。这些领域一旦受伤或不能发挥作用时，就会导致这些人由神经症变成自恋型人格障碍。反过来说，如果这三个领域能够良好地运作，他们就能安定地生活。雄心是他们为获得他人的认可而形成的部分，理想化是通过从理想对象获得力量的感觉而形成的，学识是雄心和理想化之间的桥梁部分。

相信自己是独一无二的
自恋型人格障碍

自恋型人格障碍中年轻男性居多。DSM（美国精神医学学会诊断与统计手册）中指出，符合以下 5 个以上内容的情况，就疑似为自恋型人格障碍。

过度自恋

❶ 毫无根据地夸大自己的才能。

❷ 幻想成功、权力、理想爱情。

❸ 相信自己是独一无二的，认为周围人也这样想。

❹ 非常喜欢赞美。

❺ 认为自己应享有他人没有的特权。

❻ 为了自己的目的而毫不在乎地利用别人。

❼ 缺乏同情心。

❽ 有很强的嫉妒心。

❾ 态度傲慢自大。

治疗心理问题的四类心理疗法

　　心理疗法是指治疗人们由于心理原因造成的疾病或心理障碍的方法。在医疗场合，与**外科疗法、物理疗法、药物疗法**相对应，称之为**精神疗法**。多用于治疗**人格障碍**（ ► P230 ）和重度**神经症**（ ► P208 ）、**抑郁症**（ ► P204 ）等疾病。而运用心理疗法的人称为**心理师、心理治疗师、心理咨询师**等。

　　心理疗法的技术大致分成以下四种。

　　（1）**面询法**——**理性情绪疗法**（ ► P240 ）、**来访者中心疗法**（ ► P238 ）等，治疗师和来访者 1 对 1 进行的方法。

　　（2）**应用技术**——**沙盘疗法**（ ► P39 ）、**音乐疗法**（ ► P242 ）、**游戏疗法**等，根据患者自身的表现活动进行治疗。

　　（3）**行为疗法**——**系统脱敏疗法、自律训练法、催眠疗法**（ ► P300 ）等运用理论基础改善患者的行为。

　　（4）**融合技术**——使用各种各样的理论和技术进行治疗。以**内观疗法**（ ►下面 ）和**森田疗法**（ ► P244 ）等为代表。

❗ 必备知识点

◉ 系统脱敏疗法

　　南非共和国精神科医生**约瑟夫·沃尔普**（ Joseph Wolpe，1915—1997 ）提出的一种**行为疗法**，让患者逐渐习惯自己感到不安的事情，从而消除焦虑。

　　沃尔普在研究了美国参加越战归来的士兵身上出现的 **PTSD**（ ► P222 ）症状后，发明了这种疗法。

◉ 内观疗法

　　应用日本净土真宗的僧侣**吉本伊信**（ 1916—1988 ）的**内观法**的一种**心理疗法**。让患者反复回想"他人为我做了什么""我为他人做了什么""自己给他人造成了什么麻烦"，加深患者对自己和他人的理解的方法。这个方法自 20 世纪 60 年代开始被采用，在国际上也得到了好评。

主要的心理疗法

　　心理疗法是根据来访者的症状，结合药物疗法等进行的。以下是具有代表性的心理疗法。

1 面询法

来访者和治疗师1对1地进行。
- 理性情绪疗法（▶ P240）
- 来访者中心疗法（▶ P238）

2 应用技术

通过患者的表现活动进行治疗。
- 沙盘疗法（▶ P39）
- 音乐疗法（▶ P242）
- 游戏疗法

3 行为疗法

通过改变行为来治疗。
- 系统脱敏疗法（▶ P236）
- 自律训练法
- 催眠疗法（▶ P300）

4 融合技术

运用各种各样理论和技术进行治疗。
- 内观疗法（▶ P236）
- 森田疗法（▶ P244）

接纳自我的来访者 中心疗法

　　美国心理学家**卡尔·罗杰斯**（▶P60）认为人本来就具有自我恢复心理健康和成长的能力。以前主流的心理**咨询方法（心理疗法）**采用解释、暗示、忠告等咨询法，但这并不是一种有效的援助方法，因为它会让来访者产生依赖心理，每次发生问题时，来访者都需要进行咨询或治疗。咨询师需要具备**一致性、无条件积极关注、共情**（▶P60）三个条件，耐心地**倾听**（▶右面）来访者是非常重要的。**来访者中心疗法**是在绝对信任来访者本身具备无限成长潜力的基础上进行的治疗方法。

　　在这个疗法中，咨询师不怎么说话。而是贴近来访者的内心，认真地倾听，理解对方的经历。最终在咨询师和来访者之间形成**融洽关系（信任关系**▶P71）。罗杰斯认为通过这样的关系，来访者能够变得着眼于当下真实的现状，能够以不同于以往的视角来看待世界，由此内心发生转变，并向着好的方向改变。

　　心理不适应的状态是由于**自我认知的歪曲**（P205）而导致的。也就是说，**理想自我和现实自我**产生偏差使来访者内心痛苦不堪。解决这个问题需要来访者了解未知的自己，因此需要咨询师具备以上三个条件下，耐心细致地倾听是非常重要的。

❗ 必备知识点

◉ 人本主义疗法（Person-centered approach）

　　卡尔·罗杰斯提出的作为心理咨询方法的**来访者中心疗法**，将来访者的注意力从个体自身或遭遇中获得自省自悟，充分发挥其潜能，最终达到自我实现，由此改名为 **Person-centered approach（人本主义疗法）**。

❓ 详细解析

◉ 倾听

也 叫 **Active listen-ing**（**积极倾听**）。咨询师积极地理解来访者说话的听法，也是**心理咨询方法**中重要的技术之一。能够一边附和着一边听对方说话的人可以说是"善于倾听"的人。由于对方善于倾听自己，因此他就能够打开心扉，毫无掩饰地表达自己的感情。

倾听不只是心理咨询和治疗时才有效，在我们日常生活的人际交往中也可以说是重要的技术。

关注现实，反思自我

罗杰斯认为心理问题是由于人们的理想自我和现实自我之间形成的偏差导致的。如果能够贴近来访者的内心并倾听他们说话，来访者就能够着眼于现实。

Rapport
（信任关系）

来访者	倾听	咨询师
拥有自我恢复健康和成长的能力	← 发挥 →	❶ 一致性 ❷ 无条件积极关注 ❸ 共情

接纳自我

来访者能够实事求是地接纳自己。

内心产生变化，
并向着好的方向发展。

3 摆脱不合理信念的认知行为疗法

当看到杯子里有半杯水时，有的人会认为"还有半杯水"，也有的人会认为"只剩下半杯水"。虽然我们所看到的现实一样，但由于每个人的认知方式（思考事物的方式）不同，因此人们的心理状态也会发生 180 度的转变。

很多有心理问题的人都是在认知方式上出了问题。他们会把小小的失败看作是致命的，用非黑即白的态度判断事物，从而导致对现实的歪曲认知。

认知行为疗法的目的是重新审视这种认知方式，修正不合理的思维模式与行为，从而改善人们的心理状态。这种方法被用于**惊恐障碍**（►P212）和**社会焦虑障碍**（恐惧症► P210）、轻度**抑郁症**（► P204）、失眠症、**强迫性障碍**（强迫症 P208）、**人格障碍**（► P230）、药物依赖等精神疾病的治疗和夫妻关系的改善，以及控制慢性愤怒等。

认知行为疗法中的典型代表是美国心理学家**阿尔伯特·艾利斯**（Albert Ellis，1913—2007）提出的**理性情绪疗法**。

❓ 详细解析

◉ 理性情绪疗法

美国心理学家**阿尔伯特·艾利斯**提出的心理疗法，叫作 **RET**（Rational Emotive Therapy）。**理性情绪疗法**认为，问题的解决取决于如何接受焦虑和烦恼。

有的人对于某件事持有"必须……"的固执信念（**应该**），让他们认识到这是一种自动思维。

这种自动思维被称为**不合理信念**（Irrational Belief）。也就是说，要将其转变为**合理信念**（Rational Belief）。

比如，"我今年必须结婚"，对于有此类想法的人让他们的想法转变为"我今年要是能结婚就好了"。

修正认知偏差的认知行为疗法

人们认识事物过于极端时，容易产生心理问题。认知行为疗法是让人们获得重新看待事物的思维模式，调整认知偏差的一种心理疗法。

艾利斯的理性情绪疗法

理性情绪疗法也叫 ABC 理论。

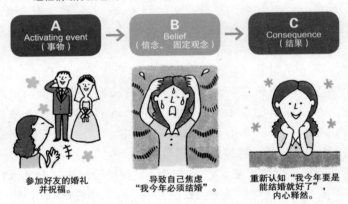

| A Activating event（事物） | → | B Belief（信念、固定观念） | → | C Consequence（结果） |

参加好友的婚礼并祝福。

导致自己焦虑"我今年必须结婚"。

重新认知"我今年要是能结婚就好了"，内心释然。

◎ 如果改变了B，烦恼就减轻了，于是导致C。也就是说，研究B（信念）是最重要的。

不合理信念的四种模式

❶ 绝对化	必须工作
❷ 悲观的	世界末日，绝望的
❸ 谴责、贬低	自己是没用的人
❹ 欲求不满忍耐性差	无法忍受，承受不了

投射内心深处所想的艺术疗法

失恋时，什么样的歌曲更容易走进我们的内心世界呢？显然是那些忧伤的抒情曲或者失恋伤感心碎的歌曲比曲调明快、充满活力的歌曲更容易。这个就是心理学中称作**同步原理**的现象。的确，兴奋时，一听到快节奏的欢快的乐曲，心情就会变得愉悦，而选择安静悠扬的乐曲内心就变得冷静。这是由于**情绪与音乐同步，内心得到净化的缘故**。

在**音乐疗法**中，首先，要选择符合来访者当下心情的乐曲。接下来，针对来访者的情绪，可以通过播放不同的乐曲来进行治疗。这不仅限于音乐，在同伴心情低落的时候，努力地鼓励对方也是一种方法，但与其这样，不如与对方共情，感同身受地与对方说话就能很好地进行疏导。

像这样，把艺术素材作为心理康复关键的疗法就是**艺术疗法**（▶右图）。除此之外，还有**沙盘疗法**（▶ P39）和**心理剧**（▶下面）等。

❗ 必备知识点

◉ 心理剧

澳大利亚精神分析医生**雅各布·莫雷诺**（Jacob Levy Moreno，1889—1974）创立的团体心理疗法之一，也可以叫作**心理剧治疗**。

由 10 人左右组成的团体，成员分成**导演、副导演、演员、观众**。演员站在**舞台**上，进行即兴**表演**（Role play）。这个时候无论观众还是演员都可以自由地更换，通过各自参与到剧情中，内心能够得到**宣泄**（**净化** ▶ P52）。即兴表演结束后，成员之间相互交流感想。

心理剧是通过团体即兴表演的形式释放每个人的内心，以激发出人们的创造性和自发性的心理疗法。

心理获得康复的
艺术疗法

用艺术的方式达到与来访者心灵上沟通的心理疗法叫艺术疗法。以下是具有代表性的艺术疗法。

音乐疗法	在单调的车间和候车室里，播放背景音乐起到舒缓压力作用。对自闭症患者使用合奏交流法，对语言、身体残障者使用音乐进行康复训练。
沙盘疗法（▶P39）	来访者在沙盘中自由地摆放人偶和玩具等，创造一个世界来表达自我。
诗歌疗法	创作诗歌、朗诵、聆听诗歌等，给予内心超越往常谈话的刺激。创作诗歌也是与自我对话和探寻自我的一种方式。
心理剧	通过即兴表演让内心得到释放。对于逃学和发生家庭暴力的儿童等是有效的治疗方法。

日本独特的疗法——"顺其自然"的森田疗法

森田疗法是由日本精神科医生**森田正马**（▶下面）创立的日本独特的**心理疗法**。神经症是由内向、完美主义等特征的性格加上特有的心理机制而引发的，在这种心理机制中，存在着把不可能变为可能的心理冲突。

森田疗法的治疗方法是培养人们**"顺其自然"**的态度，教会来访者从必要的事情（应该做的事）做起，建设性地生活，在生活中获得体验性的认识。也就是说，为获得治疗效果，来访者自身具有的"我想治愈"的想法更为重要，通过这种意识和行为模式的修正来进行治疗。

一开始，患者被隔离在一个屋子里，一天到晚都躺在床上等。也有的人认为这种疗法和其他疗法相比很严格，因此敬而远之。不过，这种疗法与东方思想中的禅学也有相通之处，现在已经有超过20个国家在使用这种疗法。

另外，这种疗法也被用于**恐惧症**（社交恐惧▶ P210）、**强迫症**（▶ P208）、**神经衰弱**、**神经症**（▶ P208）等的治疗。

❓ 详细解析

◉ 森田正马（1874—1938）

1919年创立了**森田疗法**。他是东京慈善会医科大学神经科的第一代教授。据说森田自己也患有**惊恐障碍**，他为了克服这个障碍，从而创立了森田疗法。

❗ 必备知识点

◉ 建设性生活方式

也叫CL（Constructive living），美国文化人类学者David K. Reynolds（1940—）提出的概念。这是将森田疗法付诸实践的教育方法。

接纳恐惧和不安等情绪这个事实，采取自己认为必要的行为，另外，最关键的是详细地了解自己在现在和过去从世界上得到的支持是如何发挥作用的事实。

培养"顺其自然"的森田疗法

　　由森田正马创立的森田疗法，通过以下4个阶段进行大约40天的治疗。

第一阶段 **绝对卧床期**	**7**天 被隔离在一个屋子里，一天到晚地躺在床上。上厕所和吃饭之外的活动全部禁止。感到无聊，有很强的活动欲望。	
第二阶段 **轻作业期**	**4~7**天 每天卧床时间7~8小时，在户外进行打扫庭院等轻作业活动，进一步促进活动的欲望。	
第三阶段 **重作业期**	**1~2**个月 进行木工和农活等活动。体验成就感，获得根据现实情况而临时应变的态度指导。	
第四阶段 **生活训练期**	**1~4**周 作为回归社会的准备，允许外出、外宿。有时也允许从医院去上学或上班。	

外表真的很重要吗?

一位女士正在和她认识的一位男性交谈。如果你是这位女士，关注这位男士的什么呢?

1 关注衬衫

2 关注鞋子

解答

回答❶衬衫的人是珍惜爱情的人。尤其是在意衬衫脏了或有褶子的女性，可以说母性很强。如果是男性的话，则有很强的女性化倾向。回答❷鞋子的人是重视经济方面的人。鞋代表权威和权力，男士讲究鞋子的情况可以说是有很强的上进心。如果女士的话，则有奢侈消费的习惯。

像这样，服装效果会给他人和自己造成很大的影响。服装发挥了光环效应(▶ P88)，由此，这个人所有的好与坏都先入为主地被人们判断。只要一穿制服，人们就能够安心地工作；穿西装的人更可靠。这些都是光环效应在起作用。

产生心理活动的脑系统

1 心理是脑的机能

有关脑和心理的关系，17世纪法国哲学家**勒内·笛卡尔**（Rene Descartes，1596—1650）（▶ P92）提出了"脑和心灵（意识）是各自独立的"（**心身二元论**），但是现在"心理活动是大脑对客观世界反映的过程"的一元论成立了。

心理活动（机能）有**思维、情感、情绪、注意、意志、认知、想象、自我意识、语言、记忆与学习、睡眠与觉醒、运动控制**等12个种类。这些都是由位于大脑的大脑皮层来管理的。

大脑皮层是形成大脑表面的2～5毫米的层，按照**古皮质**（爬虫类的脑）、**旧皮质**（旧哺乳类的脑）、**新皮质**（新哺乳类的脑）的顺序从底部开始重合（古皮质和旧皮质统称为**大脑边缘系统**）。古皮质是与食欲和性欲等本能相关，旧皮质是与愉快、不愉快、愤怒等情绪相关，新皮质是与语言、艺术等创作活动高度相关。

另外，**大脑**根据功能的不同分成**额叶、枕叶、颞叶、顶叶**四个主要区域。额叶负责情感、想象力等其他生物不发达的心理机能；枕叶负责处理与视觉相关的信息；颞叶负责处理形状、声音和颜色信息；顶叶负责处理与疼痛和触觉相关的信息。此外还有控制大脑活动的**脑干**，以及调节身体运动机能的**小脑**。

就这样，人类作为生物中进化最成功的存在，大脑中产生了各种各样的心理活动。

Psychology Q & A

Q：人类和黑猩猩比其他生物进化得更好是因为大脑更大吗？要说体重的话，比人类更重的生物有很多，但是这和大脑的重量没有关系吧？

A：生物之间的能力差异并不只是因为身体和大脑的大小不同。一般认为，大脑中**额叶**所占的比例越大、**脊髓**越小的生物，其能力就越强。之所以认为**脊髓比率**越低的生物能力越发达，是因为大脑本来就是由脊髓进化而来的，进化后脊髓比率越低，大脑就越发达。

比如，人类的大脑中脊髓的比率只有 2%，而黑猩猩只有 6%，狗却有 23%。像这样，根据大脑和脊髓的比率计算能力差距的法则被称为**规模原则**。这证明了人类的能力比其他生物更优秀。

大脑各器官发挥的心理作用

心理活动有感情、记忆、认知等 12 个种类的功能，这些功能在大脑的大脑皮层进行。除了大脑之外，脑干、小脑等也发挥着各自的作用。

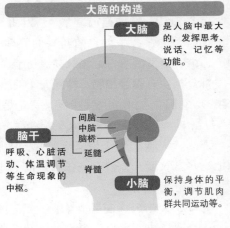

大脑的构造

大脑：是人脑中最大的，发挥思考、说话、记忆等功能。

脑干：呼吸、心脏活动、体温调节等生命现象的中枢。

间脑
中脑
脑桥
延髓
脊髓

小脑：保持身体的平衡，调节肌肉群共同运动等。

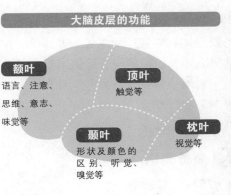

大脑皮层的功能

额叶
语言、注意、思维、意志、味觉等

顶叶
触觉等

颞叶
形状及颜色的区别、听觉、嗅觉等

枕叶
视觉等

根据大脑神经功能研究心理活动的神经心理学

对于"心乃何物"的问题，心理学已经研究了很多年。为了解决这个谜团，试图从人们的行为进行分析，也有从梦和神话探索内心的方式。其中，研究进展最为迅速的是通过对大脑的研究来掌握心理活动的**神经心理学**。这个是在与传统**脑科学（神经科学）**相联系的过程中创立的新兴的心理学，它的目的在于阐释认知、思维、语言活动、记忆等高级机能。

神经组织有**神经细胞、神经元**（细胞体）和神经元的连接部分（**突触**），它们输入和输出各种信息。无论是从外部接收的刺激（光、声音、冲击等）还是**大脑皮层**发出的指令都是由这些神经组织来传达的。

那么，大脑的工作是怎样的呢？大脑中有很多的皱纹，如果你把这些皱纹展开，就有一张报纸的大小。这个皱纹的数量越多，大脑的运转就越好。

另外，**大脑**分成**左脑**和**右脑**，它们各自都有不同的作用，此外，还会通过协商来决定事情。右脑控制身体左半身的运动机能，当你欣赏艺术图画或听音乐时，右脑就会活跃地发挥作用。左脑控制身体右半身运动机能，发挥语言中枢、计算等重要作用。对喜怒哀乐、动物的声音等做出反应的也是左脑。但是，这个说法并不适用于所有人。另外，男女的大脑功能也有差异。大脑还有很多未解的功能。

❗ 必备知识点

◉ 左脑和右脑的差异

一般，**左脑**负责语言处理和逻辑思考，**右脑**负责凭直觉理解事物，进行创造性思维。另外，有些人右脑比左脑更活跃，而有些人则相反。

大脑根据大的沟壑分成**额叶、颞叶、顶叶、枕叶**四个区域，根据功能分成**前额叶皮质、颞叶皮质、顶叶皮质**。

左脑的前额叶皮质和颞叶皮质、顶叶皮质是和语言相关，右脑的前额叶皮质和颞叶皮质的一部分是与音乐相关。

◉ 日本人的大脑

日本人的大脑据说和欧美人及中国人等有很大的不同。比如，欧美人用右脑听虫鸣声、动物声、风声等，但日本人则用左脑听。

对于欧美人来说，这些声音感觉是不需要的，但日本人觉得这是有趣的声音。日本人感受到的"恬静、古雅"也和大脑的作用有关。

左脑和右脑的作用

你是左脑派，还是右脑派？有的人可能左右脑平分秋色，并没有明显差异；也有很多人会表现出左脑或右脑更活跃的状况。

左脑和右脑的功能差异

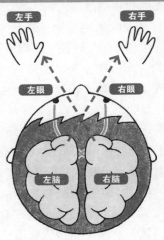

左脑
- 右手的运动
- 解决逻辑问题
- 理解汉字图形
- 语言中枢
- 计算

右脑
- 左手的运动
- 解决感性问题
- 空间（图形）的认识
- 音乐的理解
- 不依靠语言的判断

◎ 来自右脑的指令传达给左半身，来自左脑的指令传达给右半身。

3 观察大脑信息加工过程的认知心理学

人的大脑接收着来自外界的庞大信息和刺激，在每一个瞬间进行加工，并根据状况采取行动。**认知心理学**通过观察人类大脑**信息加工**的过程来掌握人的心理活动。认知是指**"认识事物"**，人们在进行认知时运用**感觉、知觉**（▶P254）等。信息加工是指精神（软件）和大脑（硬件）共同运作进行处理的过程。

比如，人们在办公桌前接到电话时，如果是熟悉工作的人能够一边看电脑屏幕，一边记录电话的要紧事情。这种是一边做事情，一边将注意力分配到其他事情的状态。另外，明明是看着电脑键盘打字，但经过训练，人们能够进行盲打，这是因为信息加工能力提高了。把这种状态叫作**从机械化加工到自动化加工的变化**。

信息加工也有**模式识别**（▶右面）、**情境加工**（▶右面）、**顺应**的特征。模式识别是人们在识别外界的刺激时，就会调动**感官记忆**（▶P264）。情境加工是指某个信息会根据其前后提供的信息进行调整的认知。顺应是指感官适应被赋予的刺激和环境。人们在黑暗的地方过一会儿眼睛就适应了；新社员进入严格的社团，刚开始会退缩，然后会逐渐习惯练习并变得努力。这些都是人们运用顺应的作用认知事物。

❗ 必备知识点

◉ **鸡尾酒会效应**（Cocktail party effect）

即使在宴会等杂音多的地方，也能分辨出和自己说话的人的声音。这是大脑潜意识地处理必要的声音和不必要的声音时而产生的现象，被称为**鸡尾酒会效应**。

❓ 详细解析

◉ 模式识别

我们在认知某个事物时，以已经记忆保存下来的模式进行推测。比如，人们写得再差的字也能在某种程度上推测出来，因为我们已经认识那个字了。

以已知的知识为基础进行模式识别的形式叫**模板匹配理论**。

◉ 情境（Context）

某个事情是由周围的环境和状况所引起的。当我们确定或解释某件事的意义时，需要了解其周围的环境和状况，也就是**情境**。"做什么""什么时候""在哪里""怎样的"等构成情境的信息。

人们如何理解事物呢？

理解事物的过程叫作认知。认知的作用有以下几点。

自动化处理	 用一根手指一边找按键一边打字（机械化处理）。　什么都不看，能够盲打（自动化处理）。
模式识别	昨天有雨　　　　　昨天有雨 昨日は雨でした 不管字写得多差，运用模式识别，也能推测读取信息。
情境加工	"她很轻" "她减肥后很轻"——表示体重； "她说话很轻浮"——表示性格。 "做什么""什么时候""在哪里""怎样的"等构成情境信息。
顺应	人们在黑暗的地方过一会儿眼睛就习惯了。感官会适应被赋予的刺激和环境。

视觉上的错觉是由视觉感知产生的

知觉心理学是研究**感知**的领域。知觉除了**视觉、听觉、嗅觉、味觉、触觉**五感之外，还有内脏感觉、运动感觉、平衡感觉等。其中，人们研究最多的是视觉。

映入我们眼中的全部是通过视觉认知的。首先，当我们感知某种图形时发生的现象是**图底反转**。在著名的**鲁宾杯画**（▶如右图）中，白色部分在黑色部分的背景衬托下，自然地让人觉得那是酒杯。

在被称为**群化**的现象中，我们在看物体的时候，无意识中把它看作是一个整体。**相近、闭合、相似因素**（▶ P95）也被称为**视觉的体制化**。

也有一种现象叫**错视**，是指人的眼睛会捕捉到与现实不同的东西，俗称"眼睛的错觉"。物体原本是静止的，但是看似是运动的现象（外观运动）称为**似动现象**（▶ P95），这是**运动知觉**的一种。实际上，把静止的画面连续起来播放的电影或电视被识别为动画也是似动现象的产物。

❗ 必备知识点

◉ 空间知觉

我们看到平面上的图画时，可以感到有深度的三维空间，这个就叫**空间知觉**。

- **重叠**——当你看到一些东西重叠在一起时，被盖着的物体看起来更靠前。
- **质地梯度**——越远的东西看着细腻。
- **线条透视**——当你看到铁轨等平行线渐渐远去时，远处的两条线看着好像是一条线。

◉ 恒常性

是指修正（补足）表面性质的作用。

随着距离逐渐变远，物体的外观会变小，但是你可以从外观的大小推导出实际的大小。

奇妙的视觉法则

通过观察来认知事物的行为被称为视觉。视觉的作用有以下几种。

图底反转		在鲁宾杯画中，你关注黑色部分，就能看到相对的两个人的侧脸，关注白色部分就能看到杯子。
群化		即使排列着各种颜色的●，也会无意识地看作是一个整体。但是在左图的情况下，在形状之前先有黑粉等颜色的认识，然后才是各个形态的群化。
错视	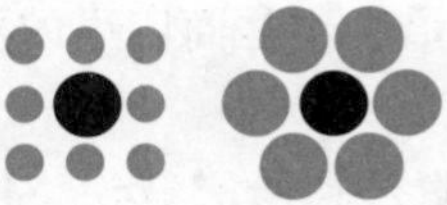 　左图比右图中间的圆形看起来更大，但实际大小一样。	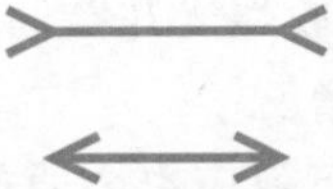 　上图比下图的横线看起来更长，但实际上是相同的长度。
似动现象		如果我们让左图的2个圆点交替出现，就会发现，它们实际上没有动，但看着却像一个点在左右移动。

瞄准余像效应的阈下效应

当你注视着某样东西时，即使它从你的视野中消失了，你会感觉到眼睛里还残留着影像。这样的现象叫**余像**。

产生余像的主要原因是眼睛本来就有的生理作用。首先，从眼睛进入的信息（刺激）会使**视神经**处于兴奋状态。在这种兴奋状态持续的过程中，如果收到其他的信息，就会产生错觉，出现与原来的刺激相同或不同的成像。比如，当你看完一个移动的物体后再看静止的物体，就会发现它似乎在向与前面看到的物体相反的方向上移动（**运动余像**）。

利用这种残像效应会引起**阈下效应**。这是指在播放某段影像的同时，在观众不注意的情况下，播放另一段影像，制造出余像效应，唤起观众的**潜在意识**。1957 年，美国的一家电影院上映了一部名为《野餐》的电影，里面用阈下效应插入了"请喝可乐""请吃爆米花"的广告语，于是商店里的可乐和爆米花的销售额飞速增长。

阈下效应也会通过**听觉**传达给潜意识。比如，在音乐中以听觉上难以听清的音量、频率、速度插入旁白，并让其反复听，就能激活潜意识。这样的方法被应用到奥林匹克运动会选手的精神强化、治疗风湿病等慢性疾病、提高大学生的升学率等多方面（▶右面）。

❄❄ **Psychology Q & A**

Q：与**阈下效应**相关的事件有哪些呢？

A：比较有名的有**犹大圣徒事件**（ Judas priest, 1990 年 ）。

在英国重金属乐队犹大圣徒创作的歌曲中，包含了可以理解为促使自杀意思的"Do it"，听了这个词的少年死了，于是死者家属控诉了唱片公司和乐队成员。但是，最终判决是无罪。

另外，在日本 1995 年有关奥姆真理教的节目中，教团代表麻原彰晃的脸等画面多次插播，受到指责。日本当时的邮政省还对电视台进行了严重警告。

最近，有防止偷盗、克服蛰居、提高集中力等效果的**阈下 CD** 出售。所有混入自然声音**阈下**（比能够识别的"阈值"低）水平的阈下效应的声音被加入到 CD 中，其中也有的销量不错。

余像的构造和阈下效应

人们的眼睛一旦受到强烈的刺激，这种刺激就会以感觉的形式烙在视网膜上，而再受到其他刺激时就会受到影响。这个就叫余像现象。

补色余像

人们长时间看某个颜色，眼睛离开那个颜色时，视觉上就会出现补色（红色——青色，绿色——洋红色，蓝色——黄色）作为余像。

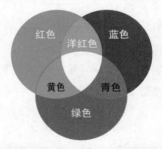

红色　蓝色　洋红色　黄色　青色　绿色

阈下效应

阈下效应是指播放某段影像的间隙播放另一段影像，制造出余像现象，唤起观众的潜意识。

正在播放天气预报。

使选举候选人的影像瞬间混入其中。

把候选人的形象印进观众的潜意识里。

未来，情商是衡量聪明与否的标准

我们用什么来判断"脑子聪明"呢？以前我们认为 **IQ** 高 = 脑子聪明。IQ（Intelligence Quotient）是**智商指数**，传统的 IQ 标准是生活年龄和精神年龄之比。用**智商测试**来测定，IQ 越高，智商越高；IQ 越低，智商越低。

但是，最近不同于 IQ 的"人性"价值观受到了人们的关注，有关情感方面的能力也被认为是人类智慧的一部分。于是，就出现了 **EQ**（Emotional Intelligence Quotient）= **情商指数**。人们了解自己的感情，形成现实的自我，并以此为行动指南的能力（**心智**）和感知周围人的心情并采取适当行动的能力（**人际才智**）相结合的**人格才智**受到人们的重视。

情商指数是很难测量的，但是高情商的人将来会得到社会的认可。实际上，即使在日本，越来越多的企业也开始将情商作为新职员的录用和晋升的标准。

❗ 必备知识点

◉ PQ

位于智慧的中心的是与**自我**密切相关的额叶的**前额叶皮质**（Prefrontal cortex）。具备社会才智和情感才智的 **EQ** 能力与自我有着很深的联系，所以将 **EQ** 和自我综合能力称为 **PQ（前额叶智慧）**。

PQ 可以说是合理控制自己的情感，处理社会关系，面向未来，幸福生活的智慧。也就是说，PQ 才应该是人类的中心，在幼儿期好好地进行 PQ 教育是非常重要的。

顺便说一下，前额叶皮质作为大脑的第一中心，在控制着自己内心的同时，也掌管着读懂对方内心的能力。

IQ 和 EQ 的差异

IQ 并不代表人的资质，根据训练和当时的身体状况会出现上下浮动的情况。EQ 反映了人们内心各种各样的能力。

IQ（智商指数）	**IQ 测试**	20世纪初法国心理学家阿尔弗雷德·比奈（Alfred Binet，1857—1911）设计的方案，之后在美国加以修改。 $$IQ = \frac{精神年龄}{生活年龄} \times 100$$ ● 在规定时间内回答出各种各样的问题，测出生活年龄和精神（智力）年龄之比。例如，如果10岁的儿童能正确回答出15岁儿童才能解答的问题，IQ 就是150。 ● 近年来，IQ 值多用于判断智力是否落后，原则上不公开。

EQ（情商指数）		20世纪80年代美国心理学家彼得·萨洛维（Peter Salovery）和约翰·梅尔（John Mayer）提出的。1995年美国心理学家丹尼尔·戈尔曼（Daniel Goleman）撰写的《情商》（Emotional Intelligence）一书在全球得到普及。
	五个能力的构成	**自我认知能力** 认识并重视自己真正的想法，做出自己能接受的决定的能力。
		自我控制力 抑制冲动、抑制作为压力根源的情绪的能力。
		动机 朝着目标积极思考并持续努力的能力。
		共情能力 敏感地察觉他人的情绪，并感同身受的能力。
		社会技能 能够在集体中与他人合作相处的能力。

◎ 即便具备高智商，但如果不具备使用高智商的能力和情商，也没有意义。

喜怒哀乐与身体、大脑密切相关

感情（情绪），也就是所谓的喜怒哀乐是与身体感觉相关的**潜意识的感情（Emotion）**和**有意识的感情（Feeling）**。前者是与**大脑皮层、额叶**相关，后者是与**大脑边缘系统（杏仁核、海马体、下丘脑）**、脑干、自律神经系统、内分泌系统、骨骼筋等末梢（大脑外部组织）相关。

感情与身体、大脑密切相关，比如，当你一感到强烈的恐惧时就会冒冷汗，心跳加速等，这是大脑皮层对外界刺激的认知和判断引起末梢的反应。

对猫的杏仁核进行电刺激实验时，弱电刺激的情况下猫会发出嚎叫，瞳孔散大；而强电刺激的情况下猫会发出很大的嚎叫，出现攻击和逃避行为。从这个实验中，我们可以确定同属哺乳动物的人类具有共通的功能，人类之外的动物也具有感情。

这种科学地分析动物的智力和心理，并与人进行比较的学科被称为**比较认知科学**。

✱ Psychology Q & A

Q：刚出生的婴儿随着成长而掌握情绪有先后顺序吗？

A：心理学家 **K·M·B·布里奇斯**（K.M.B.Bridgesu，1897—）通过观察新生儿到 2 岁的儿童，发现了他们**情绪（情绪化的行为）**的发展过程。根据这个过程，刚出生的婴儿情绪是一种模糊的兴奋状态，到了第三个月首先是**不愉快（不高兴）**，接下来就会分化为**愉快（心情好）**，这就是**情绪的分化**。

而且，由不愉快分化为恐惧、愤怒等不愉快的情绪，由愉快分化为爱、喜悦等愉快的情绪。

另外，5 岁左右会分化出害羞、嫉妒、失望、厌恶、对父母的依恋、撒娇、期望、骄傲等感情，表现出与成人同等的发展。

与情绪相关的大脑部位

　　潜意识情绪（Emotion）与大脑皮层、额叶相关；有意识情绪（Feeling）与大脑边缘系统（杏仁核、海马体、下丘脑）、脑干、自律神经系统、内分泌系统、骨骼筋等末梢（大脑外部组织）相关。

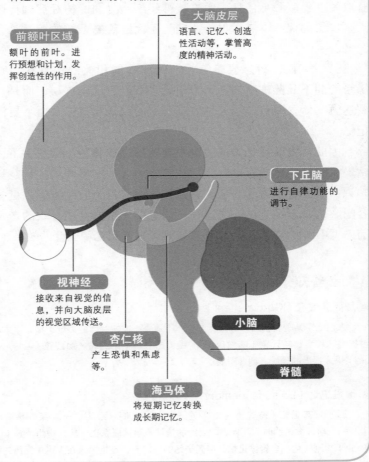

前额叶区域

额叶的前叶。进行预想和计划，发挥创造性的作用。

大脑皮层

语言、记忆、创造性活动等，掌管高度的精神活动。

下丘脑

进行自律功能的调节。

视神经

接收来自视觉的信息，并向大脑皮层的视觉区域传送。

杏仁核

产生恐惧和焦虑等。

海马体

将短期记忆转换成长期记忆。

小脑

脊髓

感动体验有助于提高记忆力

在进行记忆的时候，大脑中会发生什么呢？通过眼睛和耳朵获取的外界刺激（信息）由连接神经细胞之间的**神经突触**传达到大脑皮层的枕叶，然后再传达到位于**大脑边缘系统**的**海马体**并被记忆。

另一方面，**喜怒哀乐**等与情绪和本能相关的信息在大脑边缘系统的**下丘脑**被感知，这个信息没有经过大脑皮层，而是直接到达海马体。而且，与经过大脑皮层的记忆相比，会留下更深的记忆。

因此，**提高记忆力的关键是要有感动的体验**。回想一下，在枯燥无味的应试学习中，我们从暗恋的老师那里学到的特定科目知识，多少会觉得开心吧。比起其他的科目，应该能记住更多内容吧。这个是在应试学习这一"信息"上，加上在喜欢的老师面前忐忑不安的"情绪"，结果就起到了**提高记忆稳固度**的效果。

❗ 必备知识点

◉ 加西亚效应（Garcia effect）

人们吃了某种食物后，因为有过身体不适等不愉快经历并形成记忆，以后就不再接受这种食物的现象（**味觉厌恶**）。由美国心理学家**约翰·加西亚**（John Garcia）等人提出的理论，因此得名。

◉ 情景记忆（Episode memory ▶ P265）

属于**宣言记忆**（陈述性记忆）的一种，指人们只经历过一次某件事就记住了。那个事件发生的时间、地点、当时的**情绪**与事情联系在一起，作为情景（Episode）得到强化。**自传体记忆**是**情景记忆**的一部分，是指个人在人生中经历的事情的记忆，具有故事性、创造性、情绪性的特点。

记忆的结构

当我们接收到某种刺激的信息时，最终会传达到海马体，作为记忆固定下来。

来自刺激的信息

人们收到信息时，从覆盖大脑皮层的神经细胞传到枕叶，由此传送到海马体，记忆固定下来。

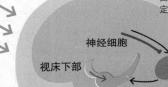

刺激

神经细胞

视床下部

枕叶

海马体

喜怒哀乐等

有关情绪和本能的信息在下丘脑感知并直接传到海马体。关于情绪和本能的记忆很难忘记。

海马体保存

在新的信息中，有兴趣的东西和理解的东西暂时保存在海马体，然后筛选出需要长期记忆的东西和消失的东西。

有效的考试学习

被老师的教学方法所感动、被喜欢的老师所教等伴随着感动（感情）的记忆更牢固。学习时也需要感动。

伴随着情感的记忆

2 既有瞬间忘记的记忆，也有留下回忆的记忆

记忆大致可以分成**认知记忆**和**运动记忆**（▶ P268）。认知记忆是指记住事物意思的记忆，运动记忆是指人们掌握身体运动方法的记忆。接下来，我们来看看认知记忆。

运用**视觉**和**听觉**认知信息，只是作为一瞬间的记忆被存储下来。像这样超短时的记忆叫作**感官记忆**，这种记忆来自视觉的信息大约 1 秒左右消失，来自听觉的信息会在几秒钟内消失。

其次，记忆转移到**大脑边缘系统**的**海马体**并被存储的状态叫**短时记忆**，这种记忆在 1 分钟左右消失。

在海马体中暂时被记忆的东西叫作**长时记忆**，能保存 1 小时至 1 个月左右。在这段时间里，我们会筛选出需要**永久记忆**的东西和需要消失的东西。然后，筛选出的重要记忆从海马体移动到大脑，变成永久记忆。但是，长时记忆在被存储的期间，1 个月内重复 2 次以上也会成为永久记忆。这个叫作**排练效应**（Rehearsal effect）。人们在准备考试时需要做习题集，把新单词写在笔记本上等，进行反复练习。

永久记忆可以分成：口头记忆的**宣言记忆（叙述性记忆）**和动作记忆的**过程记忆**（▶下面）。宣言记忆是作为特别事件被记忆的**情景记忆**（▶ P262），记忆知识的**有意记忆**。过程记忆是已经有的记忆受到新记忆影响的**优先记忆**（Priming memory），如技术的经验、技能，以及作为条件反射被记忆的**经典条件反射**等。

❓ 详细解析

◉ 过程记忆

属于**永久记忆**的一种，是保持程序性知识的方法。比如，练习骑自行车和

舞蹈练习，般若波罗蜜心经等长篇文章背诵等属于**过程记忆**。

优先记忆是一种对先获取信息潜意识作用的记忆，比如，听到"医生"这个词就会想起"护士"等就相当于这个记忆。

经典条件反射也叫作**巴甫洛夫条件反射**，是指通过反复刺激引起生理反射，即使单独进行也会引起生理反射的状态。

❗ 必备知识点

◉ 镁光灯记忆
（Flash bulb memory）

美国 9·11 恐怖事件和迈克尔·杰克逊的死亡等，被全世界关注的事件和个人重大事件就像"打开照相机的闪光灯"一样，鲜明地被人们记忆。有人指出，像这种重大的记忆总是容易成为人们的话题，所以才会出现这种现象。

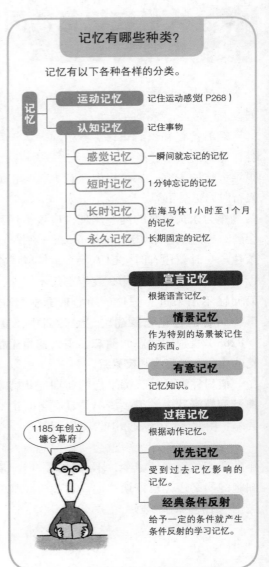

记忆有哪些种类?

记忆有以下各种各样的分类。

记忆
- **运动记忆** — 记住运动感觉（P268）
- **认知记忆** — 记住事物
  - 感觉记忆 — 一瞬间就忘记的记忆
  - 短时记忆 — 1分钟忘记的记忆
  - 长时记忆 — 在海马体1小时至1个月的记忆
  - 永久记忆 — 长期固定的记忆

宣言记忆
根据语言记忆。

情景记忆
作为特别的场景被记住的东西。

有意记忆
记忆知识。

过程记忆
根据动作记忆。

优先记忆
受到过去记忆影响的记忆。

经典条件反射
给予一定的条件就产生条件反射的学习记忆。

1185 年创立镰仓幕府

人们在记忆的同时，也常常会遗忘

　　人的大脑既有**记忆**的功能，也有**遗忘**的功能。也就是说，人们会忘记曾经记忆过的东西。

　　短时记忆和**长时记忆**（▶ P264）属于暂时记忆，不必要的内容自然就消失了。消失（遗忘）的原因有：自己不感兴趣的主题、很难记住的内容、无法集中注意力、与相似的内容混淆、紧张或兴奋时回忆受阻等。

　　作为**永久记忆**的内容照理说应该被保存下来，但有时人们也会怎么也想不起来（Memory block ▶右图）。这也就是所谓的**一时蒙住**。一时蒙住有时会因为什么事情或线索就又想起来，但有时也会遇到不管你提供什么线索都想不起来，这就是**记忆障碍**。人们回忆不出来过去记住的事物叫**永久性记忆障碍**，记不住新的事物叫**暂时性记忆障碍**。记忆障碍中，**宣言记忆**（叙述性记忆▶ P265）受损的状态叫**健忘**。丧失**情景记忆**（▶ P262）和**有意记忆**的病症有**健忘症**和**痴呆症**。

　　值得注意的是，痴呆症的初期症状就是健忘。据说在**阿尔茨海默病端症状**中，很多情况是具有暂时记忆功能的海马体开始脑萎缩，由此人们会表现出健忘的症状。

　　人们一上年纪大多就会变得健忘。人们的脑细胞的确会随着年龄的增长而持续减少，不会增多。但即便上了年纪，连接这些细胞的网络还是可以增多的。通过向大脑输送新的刺激，可以促进这些细胞网络的发展。

!　必备知识点

◉ 酒精中毒（Alcohol blackout）

　　人们喝酒喝多了记忆就会消失。大脑里的酒精浓度一旦变高，就会引起记忆中枢的**海马体**麻痹的现象。

　　酩酊大醉可以分成以下三个阶段。

　　① **普通性醉酒**：人们平时喝酒时常见的轻度醉酒。

　　② **复杂性醉酒（量变醉酒）**：人们会感到很兴奋，像变了一个人似的。虽然感到昏（轻度意识障碍），但几乎没有记忆丧失。也有部分丧失责任能力的情况。

　　③ **病理性醉酒（质变醉酒）**：人们表现为异常兴奋，出现记忆障碍、幻听、妄想，采取周围人无法理解的异常行为。

　　酒精中毒是这个过程的第②阶段常见的现象。②和③常见于酒精依赖症的人醉酒，即使健康的人喝多了也会出现这种情况。一旦变成这种状态，人们就容易犯罪，所以需要注意。如果喝酒的话，尽量保持第①阶段的醉酒是很重要的。因此，最好能够事先了解自己的酒量。

记忆空白和酒精中毒

　　无论怎么想也想不出来的状况叫记忆空白。而过度饮酒失去记忆的情况叫作酒精中毒。

记忆空白

昨天吃了什么来着……

回忆相关信息。
- 去商场地下
- 试吃了
- 因为累了想吃酸的东西

是寿司

神经回路恢复了，记忆复苏。

酒精中毒

海马体

海马体的功能被破坏，人的本能就会暴露出来。

要想提高运动水平，
需要锻炼运动记忆

记忆力是人们想变得擅长运动的决定性因素。这个记忆力和为了记住事物的**认知记忆**（▶ P265）不同，被称为**运动记忆**，这些**是和在记忆中枢的海马体毫无关系**的记忆。

棒球、高尔夫等所有的体育项目中，都有杰出的选手，他们之所以能进步，是因为反复练习。即使是挥棒 1000 次这样残酷的训练，只要了解运动记忆的结构，那么我们就能理解其背后的意义。

在运动记忆中，电信号通过神经回路从**大脑皮层**传达到**小脑皮层**，然后向肌肉发出关于运动方式的指令。但是，接收指令的肌肉最初不会运转得很好。如果拿棒球举例的话，人们最初不能很好地抓到飞过来的球，或者将投手投出的球打空。这个时候，因为小脑发出了错误的**运动指令**，所以导致失败。于是，再次从大脑向小脑发出"这个动作失败了"的信号，于是错误的运动指令被抑制。这些连续的大脑动作叫作**反馈**，在不断反馈的过程中，小脑发出正确运动指令的电信号回路被强化，从而提高了人们的运动能力。

因此，为了能够掌握运动要领，经历几次失败后，让身体慢慢适应正确的感觉是很重要的。这个不只限于体育运动，演奏、表演等需要使用身体去做某件事情时，都是共通的诀窍。

❗ 必备知识点

◉ 知觉运动学习

我们所说的"学习"是指通过多次重复视、听知觉，使运动和动作变得有效的学习。

　　知觉运动学习分为以下三个阶段。

　　第一阶段：认知。 比如，人们在练习棒球时，先要认知投球、击球等基本动作。

　　第二阶段：联合。 看清飞过来的球再挥棒，记住击球之前这一系列的动作。

　　第三阶段：自律。 变得在没有意识的情况下进行动作。

　　另外，无论是体育运动，还是演奏乐器等，一边**想象**着自己达到目标动作的状态，一边持续练习是非常有效的。

　　英语学习中，通过反复的练习把短时记忆变成永久记忆是很重要的。使用耳朵（听）、眼睛（读）来进行认知记忆，用手指（写）、嘴（说话）的感觉机能进行运动记忆来记忆，这种训练方式已被实际应用到教材中。

通过反复的练习
提高运动记忆

　　人们记住身体运动的方式叫作运动记忆，这里不是指用海马体记忆，而是从小脑向肌肉发出指令的记忆。

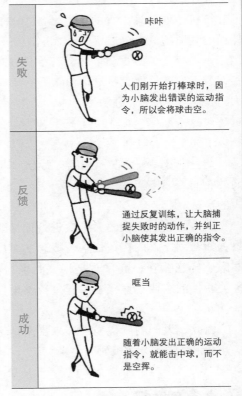

失败	咔咔 人们刚开始打棒球时，因为小脑发出错误的运动指令，所以会将球击空。
反馈	通过反复训练，让大脑捕捉失败时的动作，并纠正小脑使其发出正确的指令。
成功	哐当 随着小脑发出正确的运动指令，就能击中球，而不是空挥。

◎ 运动、演奏、表演等使用身体做某件事，想做得更好时，锻炼所有的运动记忆是很重要的。

关注的焦点决定记忆力提高的程度

虽说人的**记忆力**有差异，但是人类大脑的记忆容量是巨大的。匈牙利数学家**冯·诺依曼**（John von Neumann，1903—1957）发明了计算机，他估算出人的脑容量是 **10 的 20 次方位**。位是计算机使用的数据的最小单位，8 个二进制位等于 1 个字节。1 个字节相当于一个字母的数据量。另外，你试着想一下一台电脑的硬盘内存，最近标准的硬盘容量是 100 千兆字节，把这个换算成位的话，大约是 8600 亿个二进制位。冯·诺依曼估算的 10 的 20 次方位远远超过这个数字，以 100 千兆字节容量的电脑计算的话，那么就相当于约 1 亿台电脑。

与此相对，也有一种说法认为，如果除去遗忘的功能，我们的记忆量应该更少。但不管怎样，我们大脑的记忆量都是巨大的。

那么，表示人类的大脑在进行记忆时的构造就是一个**意义网络**。如右图，人们在记忆某个概念的时候，相互关联的东西就像网眼一样连接在一起，而更相关的事物就会相互靠近。像这样，把关联性的东西在连接在一起进行整理信息的过程称为**优先效应**（▶ P264）。

由此，人们利用优先效应来提高记忆力，未来应该还会有更多开发记忆力的方法被研究出来。

❗ 必备知识点

◉ 记忆方法

头脑聪明的人是因为他们有自己的记忆技巧。以下是具有代表性的**记忆方法**。

● **地点法**：想象真实的地方或虚构的地方，给它们编号，把想要记住的东西按编号顺序在脑海中放置的方法。把地点和要记住的事物形象地组合起来，尽可能地描绘不寻常的形象，印象就会更深刻。

● **故事法**：想一个故事，把想记住的对象放在这个故事里记忆。和地点法相同，关键在于留下印象。

● **谐音法**：把历史年号换成容易说的语句来记忆。

● **打头字法**：把想记住对象的第一个字拿出记忆。比如，"品川、镰田、五反田"就按照"品镰五"记。

● **断句法**：把想要记住的对象按照总结的方式记住。比如，在背元素符号时连接打头的字，像这样"氢氦锂铍硼，碳氮氧氟氖，钠镁铝硅磷，硫氯氩钾钙"。

整理关联信息的优先化效应

将记忆结构图示化的是意义网络。与某个概念关联度高的概念，会与它联系得越近，反之，则越远，判断起来就越花时间（优化效应）。

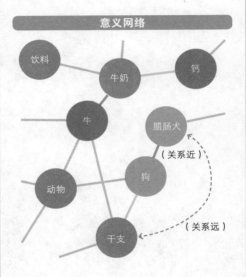

意义网络

● "说到腊肠犬就想到狗"，像这样因为关联度高，所以关系很近。

● 不能马上判断"腊肠犬就是干支"。只有回想起"干支"里包含了"狗"的属相才能意识到。这也就是关联度低，因此关系远。

● 同样，"说到牛要想到钙"时，因为我们需要通过"牛奶"才能想到钙，所以会花费更多时间。

関注、实用
深层心理
7

你有克服逆境的胆量吗？

有一只小狗被丢弃在箱子里。你看着好可怜，于是带回了家，可父母却说"扔掉吧"！那么，以下图片中最有胆量的人是哪个？

1

找个人养。

2

送回到之前的地方，每天往返喂食。

3

拼命说服父母让他们养。

4

因为实在没有办法只好扔掉。

解答

答案是 **3**。意志坚强，即使在逆境中也有实力克服的人。也会被周围的人依赖。第 **1** 个是一边察言观色，一边贯彻自己的意志，善于讨价还价。第 **2** 个是拖延问题的类型。正因为善解人意，过于听取他人的意见，反而看不到自己的意志。第 **4** 个可以说是最没有胆量的类型。优柔寡断，对别人言听计从。

性格与深层心理的分析

先天与后天因素
共同影响性格

性格到底指的是什么呢？过去心理学将性格定义为两个词：**性格**和**人格**。性格是指这个人与生俱来就有的资质，被解释为所谓的遗传基因，而人格被认为是出生后受到成长环境影响而养成的。

关于性格是受先天因素，还是后天因素的影响，即使在现代也没有得出结论。

一般人们的思考方式和行为是在后天环境的经验和学习中掌握的，但是从观察**同卵双胞胎**的数据来看，即使在不同的环境中成长的话，他们性格相似的例子也比较多见（► P278）。因此，我们这样理解比较妥当：人们与生俱来的品质加上成长过程中获得的能力，由此形成自己的性格。性格是由性格与人格相互作用形成的。

还有一个词和性格一样经常被人们使用，叫**个性**。比如，人的性格有内向的、外向的，这是个性；对于服装或颜色等的喜好，这也是个性。所谓个性是区别于他人的，本人独有的特点。原本**个性**（Individual）这个词里就有"不可分割""不可替换"的意思。性格自然不必说，被广泛用于形容一个人的能力和外表。另外，感情方面的个性是指**气质**（Temperament）。气质是性格的基础，受遗传的影响较大。

❗ 必备知识点

◉ 场的理论（拓扑心理学► P94）

美国心理学家**库尔特·勒温**（Kurt Lewm，1890—1947）提出的理论，人们不只是受到个体的个性和欲望的影响，还会受到本人所处的"**场**"的影响而采取行为。

在公司等组织内，**职位造就一个人**。根据这个理论，通过营造环境，人们会采取符合期待的行为。

⚙ Psychology Q & A

Q：我的一个朋友，他很爱讽刺别人，周围的人对他嗤之以鼻。人的性格不会改变吗？

A：**人的性格**包含与生俱来的**气质**和所处的环境造就的性格。环境造就的性格有社会塑造的**社会性格**，也有与现在的角色相适应的**角色性格**。与生俱来的气质是很难改变的，但后来形成的性格却很容易改变。如果你朋友爱讽刺人的性格是环境造成，他就能够改变。

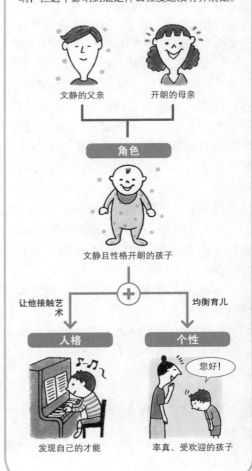

什么导致性格的形成

人们的性格被认为是受到遗传和环境的影响，但这个影响到底是什么程度还没有弄清楚。

文静的父亲　　开朗的母亲

角色

文静且性格开朗的孩子

➕

让他接触艺术　　　　均衡育儿

人格　　　**个性**

您好！

发现自己的才能　　率真、受欢迎的孩子

兄弟姐妹的性格取决于父母的对待方式

兄弟姐妹的性格是受什么决定的呢？虽然他们有同样的父母，在同样的环境下长大，但是兄弟姐妹的性格却截然不同。这是由于**父母对待孩子的方式不同**，形成了兄弟姐妹性格上的差异。

比如，对待**长子**（第一个孩子），父母总是采取热情的、积极的方式关怀和照顾。但是，第二个孩子出生后（**中间的孩子**），父母就能够从容地养育孩子了。另外，父母一方面催促长子希望能够早点自立，另一方面也期待着**最小的孩子**永远可爱。

从长子的角度看，由于第二个孩子的出生，他感到母亲的爱被夺走了一半。他能够克服它，并有一定的承受能力。另一方面，排行第二及其之后的孩子由于意识到他必须和比他年长的人竞争，因此他会掌握要领，有意识地采取能够引起父母关注的行为。

兄弟姐妹因为**年龄差距的不同**，他们之间的关系也会不一样。年龄差距小的话，彼此间意识到对方的存在而产生竞争心理，争吵也会变多。而年龄差距大的话，年长的人似乎可以从容应对。

由此，兄弟姐妹关系是建立**朋友关系**的基础，也是发展他们**社会性**的基础。但是，也有观点认为，最近独生子女逐渐越来越多，由于他们只会处理亲子这种**纵向的人际关系**，越来越多的孩子无法学习竞争、合作、妥协和忍耐等人际关系。

❋ Psychology Q & A

Q ：我经常会被朋友说"感觉你家里好像有哥哥"。实际上我没有。他们为什么会有这种印象呢？

A：人们普遍都有这种印象，认为**长子**倾向于采取社会期望的行为。**中间的孩子**是自由人。**最小的孩子**爱撒娇。日本传统上是**家长制**，父母会要求孩子"要有哥哥的样子""要有姐姐的样子"。排行最小的孩子一般情况下都有点娇生惯养的感觉，所以会被认为是"感觉家里好像有哥哥"。这是不是被认为是"爱撒娇"的性格呢？

相反，被说成"感觉家里有妹妹或弟弟"的人是由于他们给人的印象是稳重的。

Q：我是家里有姐妹的女性，我们经常吵架。这和性别构成也有关系吗？

A：男孩间相处，他们互不干涉，有保持距离的倾向。但女孩子间相反，正因为关系亲密，才会有竞争的心理。

兄弟姐妹的构成决定人际关系

兄弟姐妹间的构成决定了孩子的性格。

和谐关系	 姐妹之间容易成为好朋友，但是如果年龄差距小，也会发生争吵。
对立关系	 年龄差距小，争吵就多。
专制关系	 这种情况在兄妹、姐弟之间较多见，年长的一方更耀武扬威。
分离关系	 大多是年龄相差很多的兄弟姐妹，彼此之间没有什么联系。

性格和智力受遗传还是环境的影响更大？

通过对比同卵双胞胎和异卵双胞胎，来分析性格受**遗传**和**环境**哪个影响大的研究方法叫作**双胞胎法**。

同卵双胞胎的兄弟姐妹因为是同一个受精卵出生的，所以基因 100% 相同。而异卵双胞胎的兄弟姐妹由于来自不同的卵子，因此基因与一般的兄弟姐妹一样。也就是说，如果同卵双胞胎之间的性格差异小于异卵双胞胎的话，那么，性格就是受到遗传的影响。另外，如果同卵双胞胎和异卵双胞胎的差异不大，性格就是受到环境的影响。

而另一方面，美国心理学家**亚瑟·R·詹森**（Arthur Robert Jensen，1923— ）提倡**环境阈值说**。这是指如果一个人受到遗传的影响，要想让他的才能得到发挥，实现的前提是他所处的环境已经达到了一定的水平（阈值）。人们的体型和智力等容易受遗传的影响，但要想学习外语或提高成绩，就必须克服环境的影响。

✴✴ Psychology Q & A

Q：父母两个人头脑都聪明，那他们生出的孩子也聪明吧？

A：德国心理学家**格莱因**对父母和孩子的智力相关关系进行了调查。评价 A = 优秀，B = 一般，C = 不优秀。

- **父母都是 A－A 的情况**：孩子 A 为 71.5%，B 为 25.5%，C 为 3%
- **父母都是 B－B 的情况**：孩子 A 为 18.6%，B 为 66.9%，C 为 14.5%
- **父母是 C－C 的情况**：孩子 A 为 5.4%，B 为 34.4%，C 为 60.1%

即使父母都不聪明，有 5% 的孩子也会很优秀，所以虽然智力会受到很大的遗传影响，但是也有可能发生像鸢生鹰的现象。

性格和智力是否会遗传?

　　性格是受遗传和环境决定的。在双胞胎的研究中，即使是相同的环境下成长的孩子性格也有不同的，即使是分开生活也有相同的，还有出生后由于大脑的使用方法等不同，导致性格和智力不同的情况。

双胞胎法

　　对比同卵双胞胎、异卵双胞胎各自相似的特性，阐明了性格会受到遗传和环境哪方面的影响。

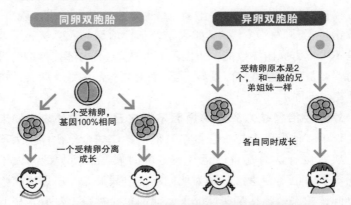

| 同卵双胞胎 | 异卵双胞胎 |

受精卵原本是2个，和一般的兄弟姐妹一样

一个受精卵，基因100%相同

一个受精卵分离成长

各自同时成长

双胞胎智力指数相关关系（50=平均，100=完全一致，0=不一致）

相同环境成长的同卵双胞胎	**92**	不同环境成长的同卵双胞胎	**87**	异卵双胞胎	同性**55**，异性**56**

詹森的环境阈值说

　　一个人受到遗传的影响，要想用环境影响，环境必须达到一定的水平（阈值）。比如，父母为孩子营造良好的学习环境，孩子的成绩就会提高，这就是一个证明。

将失败归咎于外在因素与内在因素的人

人生难免失败，但接受失败的方式因人而异。当事态发生时，该从哪里寻找原因的概念被称为 **Locus of Control**（**LOC＝控制点**）。LOC 分成认为失败是外部环境造成的**外部控治型**和认为失败是自己内在问题的**内部控治型**。

比如，当人们出差想乘坐新干线时，由于接驳的电车晚点了，导致错过了预定的新干线。如果是外部控治型的人会认为"因为这是不可抗力原因导致的，所以没有办法"。而内部控治型的人则认为"要是我再早点出门就好了"。面对同样的失败，两者的接纳方式完全不同。

外部控治型认为失败的原因不是自己，而向外求。如果是在工作中，他们就会把责任推给其他人，比如合作伙伴实力不足等。或者也有认为是自己运气不好的时候。这种类型的人不会闷闷不乐，也不会后悔，因为他们不会自我反省，所以大多数人重复同样的失败。在某些情况下，他们也会被贴上没有责任心的标签。

而**内部控治型的人常常将失败的原因归咎于自己**。因此这类人会有消沉和积累压力的倾向。但他们会找出失败的原因并进行自我反省，并运用到下一次机会中。失败也好，成功也罢，他们认为这完全取决于自己，最终他们能够不断提高自己的能力。

❗ 必备知识点

◉ 归因理论

推测人类行为的原因。**归因**有**内部归因**和**外部归因**。前者是寻找本人性格等内部原因，后者是向外寻求事物状况和运气等外部原因，美国心理学家**伯纳德·韦纳**（Bernard Weiner，1935 —）发表的关于成功、失败的模型显示，内部归因中有**很难变动的因素（能力等）**和**变动因素（努力等）**，外部归因中也有**容易变动的因素（运气等）**和**很难变动的因素（课题的困难程度等）**。

◉ Self – serving bias
（自利归因偏差）

以自己喜欢的方式解释结果的倾向。成功的时候归于自己的能力，失败的时候归于外部环境等。

◉ 控制幻想

将自己无法控制的事情，想象成好像自己能够控制的状态。比如，"自己选择的彩票会中奖"等，对于偶然发生的事情，深信通过自己的能力和意志能够解决。

外部控治型和内部控治型

把失败的理由归咎于自己之外事物的人叫作外部控治型，不把失败归咎于别人而选择自己承受的人叫内部控治型。

外部控治型

不反省失败，找合适的借口。
● 不是自己的原因。
● 因为门槛太高了。
● 因为运气不好。
● 因为有别的事情要做。

不是因为我

内部控治型

分析失败的原因，自我反省，可以用到下次机会中。
● 是自己不注意。
● 自己不够努力。
● 下次要加油。
● 危机就是机会。

这次失败是因为……

5 简单易懂的性格分类法

性格的分类方法大致分成**类型论**和**特性论**。类型论是将性格根据几个标准进行分类的方法，特性论是把人的性格看作是几个特性的集合的方法。

具有代表性的类型论是德国精神科医生**恩斯特·克雷奇默**（Ernst Kretschmer，1888—1964）提出的**体格类型性格分类法**。克雷奇默认为人的体型和性格有一定的关系，将体型分成了三种，以下分别说明了各自的特征。

① **矮胖型（躁郁气质）**：善于交际、开朗、乐观的性格，但是情绪化。

② **细长型（分裂气质）**：神经质、谨慎，比起和周围人打交道，他们更喜欢沉浸在自己的世界里。另外，对一些琐碎的言行比较敏感，对他人格外迟钝。

③ **运动型（黏着气质）**：正义感强，顽固地坚持自己的意见。另外，看不惯的时候会突然发怒，但也有礼貌、认真的地方。

❗ 必备知识点

◉ 希腊时期的类型论

类型论最早可以追溯到古希腊医生**希波克拉底**（公元前460～公元前377）提出的**四大体液学说**，这之后也有各种各样的说法。

● **四大体液学说**：古希腊医圣希波克拉底提出的。他把人的身体按照血液分类成血液、黏液、黄胆汁、黑胆汁四种类型。人们只要保持这种平衡，就能保持健康。

● **体液理论**：古希腊的医学家**盖伦**（约129～200）提出的。他将人的身体分成**血液质、黏液质、胆液质、抑郁质（黑胆质）**四大气质。

● **荣格的类型论**：荣格（▶ P110）根据人的基本态度，将性格分为**外倾型**和**内倾型**。又分别分为思维型、情感型、感觉型、直觉型（▶ P284）。

代表性的类型论

性格类型论有克雷奇默的体格类型性格分类法，美国心理学家威廉·赫伯特·谢尔登（William Herbert Sheldon, 1899—1977）的发生类型论，德国心理学家斯普朗格（Eduard Spranger, 1882—1963）的价值类型论等。

克雷奇默的分类	**矮胖型** 躁郁气质。外向、亲切。时而大发雷霆，时而哭泣。 	**细长型** 分裂气质。一本正经的，不会社交。神经质，但温和。 	**运动型** 黏着气质。认真，喜欢秩序，热衷于事物。
谢尔登的分类	**内胚型** 消化器官和呼吸系统等发达，圆润的体型。喜欢吃，爱情欲望强。 	**外胚型** 神经和表皮等发达，纤细瘦长的体型。容易疲劳。 	**中胚型** 骨头和肌肉等发达，笨重的体型。自我主张强烈，活跃。
斯普朗格的分类	**理论型** 喜欢理论，客观、冷静、沉着。	**经济型** 经济至上主义。	**审美型** 重视感觉，认为美好的事物是有价值的。
	权力型 权力欲望强。	**宗教型** 尊重神圣的东西。	**社会型** 与他人在社会中和谐相处。

将性格按要素划分的荣格类型论

荣格（▶ P110）用**弗洛伊德**（▶ P98）提出的**力比多**（性冲动▶ P102）的倾向性，把人分成外向型和内向型。当力比多以外在的形式表现出来时，称为**外向型**；以内在的形式表现出来时，称为**内向型**；并将这两种类型进一步分为**思维型、情感型、感觉型、直觉型**，按照人们心理具有的能力（**心理机能**）进行分类。这就是**荣格的类型论**。

任何一个人的内心都有这种外向性和内向性，只不过是外表表现出更强的东西。荣格认为人们只有一面**性格**会过度表现在外表上，而对立的另一面性格则会体现在潜意识中。另外，在心理机能中，**思维和情感是对立关系**，而**感觉和直觉是同类关系**。和外向性、内向性一样，每个人都有这四种心理机能，其中一种机能会比其他机能更强，会对意识产生影响，表现出来，就形成了一个人的性格。

例如，外向思维型的人无论做什么事情都立足于客观事实，所以容易被周围的人认为是冷漠的人。而内向思维型的人因为比起事实更重视主观的想法，所以容易被理解为固执的人。

荣格划分的八种类型，并不是一成不变的，而是根据人们与世界的关系、环境等进行功能的配置转化。这个被称为**个性化的过程**（▶ P116）。荣格的类型论后来由美国的心理学家们发展成测定外向性和内向性的内性检查，并演变成**人格特性论**的概念。

！ 必备知识点

◉ 大五人格理论

在**人格特性论**中，20世纪90年代左右开始流传的**大五人格理论**，认为人的性格共有五个基本的特性因子。在以往的特性论中，根据各自的研究人员，特性论被过于细分化，不能把握人们性格的全貌。与此相反，根据大五人格理论，人类跨越了种族差异，有着普遍的五种共同特性。

① **外向性**：人际关系的好与坏。这个倾向高的话是具有**社交**的性格。

② **协调性**：人们能否配合他人的行动。这方面倾向高的话代表**有协调性**的性格。

③ **诚实性**：人们有没有认真对待事物的态度。倾向高代表具有**勤奋**的性格。

④ **神经症倾向**：是否会在意细节。这个倾向高的代表具有**情绪不安定**的性格。

⑤ **开放性**：对各种事物感兴趣，接受能力强。这个倾向高代表具有**好奇心旺盛**的性格。

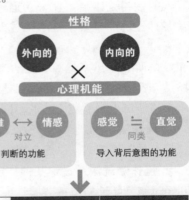

荣格划分的八种性格

荣格通过以下步骤，找出了人类性格的八个特点。

性格

外向的　×　内向的

心理机能

思维 ←→ 情感（对立）判断的功能

感觉 ≒ 直觉（同类）导入背后意图的功能

心理机能＼性格	外向型	内向型
思维	**外向思维型** 凡事实事求是地思考。对他人不宽容。	**内向思维型** 比起事实更重视主观。顽固又倔强。哲学家气质。
情感	**外向情感型** 喜欢流行，没有深刻的思考性。丰富良好的人际关系。	**内向情感型** 感受性强，希望充实自己的内心世界。
感觉	**外向感觉型** 有接受现实的能力。享受快感，享乐主义。	**内向感觉型** 能感受到事物深处的东西。具有独特的表现力。
直觉	**外向直觉型** 企业家多为灵光一闪型。追求事物的可能性。	**内向直觉型** 根据不切实际的灵光一闪而行动。多为艺术家。

用性格测试解析人的性格与行为

　　人的**性格**是以与生俱来的**遗传**和**气质**为基础，在接受后天**环境**及各种经历的基础上逐步形成的。在日常生活中，性格是表现一个人个性的行为，被解释为特征。因此，为了判断一个人的性格和性格所表现出来的行为是否适应学习活动或企业等各种各样的场景，就需要判断标准，也就是**性格测试**。

　　性格测试根据检测方法的不同而有差异，大致分成以下三种。

　　① **问卷法**：类似于问卷调查，对问题事项，给出"是""不是"和"都不是"等答案，以此来探究性格的方法。

　　② **操作测试法**：设定某种特定的测试情景，根据其操作的结果和经过来判断性格特征。

　　③ **投射法**：给予当事人某种刺激，从其反应中探寻其内心的深层心理，进而判断他的性格。

❗ 必备知识点

◉ 巴纳姆效应（Barnum effect）

　　即使是适用于任何人的性格描述，对当事人说出来，也会产生让当事人相信的心理效应。

　　巴纳姆效应的引证是**血型占卜**之类的占卜。现在的心理学还没有证实血型和性格之间的因果关系。尽管如此，大多数人还是相信**血型占卜**，是因为他们会认为血型占卜可以预测自己的性格。其中，有些人会根据血型占卜的结果采取行动，这被认为是**自我实现预言**（▶ P84）的一种。

　　顺便说一下，巴纳姆效应的由来，是 1956 年根据美国的马戏团表演师巴纳姆进行的心理操纵而命名的。

根据目的区分使用的性格测试

　　解读深层心理和性格特征等的性格测试有以下几种。想了解普遍的性格或特定领域的性格时，需要根据不同的目的分别使用不同的测试。

问卷法	Y·G（矢田部·吉尔福特）性格测试	对120个问题进行回答"是""不是""都不是"三个选项，以此来判断性格。
	MMPI（明尼苏达多项人格测试的场景）	对550个问题进行回答"是""不是""都不是"三个选项。回答"都不是"多的情况下，可信度会下降。
	心电图	对50个问题进行回答"是""不是""都不是"，把内心划分为坚强、体贴、冷静、自我中心性、顺应性等领域。
操作测试法	内田克莱佩林心理测试（UK测试）	计算相邻的个位数字的和，每隔1分钟换一行，用线连接各行完成作业量的末尾的点形成的工作曲线，以此来解读性格。
投射法	PF人格测试（绘画欲求不满测试）	给测试者看在日常生活中可能发生欲求不满状况的图片，观察他们如何回答，探究他们的深层心理。
	罗夏墨迹测试	让人们从左右对称的墨斑中自由联想，了解他们的深层心理。这是瑞士的精神科医生罗夏发明的。
	鲍姆心理测试	让测试者画树木，并从构图和树木的样子（有无果实和叶子、树枝和根的形状等）中了解深层心理。
	SCT（应用语句完成法测试）	让测试者完成"我经常被人……"等60个填空题，以此解读测试者的深层心理和内心的扭曲。

要想拥有乐观的心态，自尊很重要

为什么有的人对生活积极，有的人对生活消极呢？美国心理学家**威廉·詹姆斯**（William James，1842—1910）把这个差异归结于**自尊**（**自尊心**▶ P136）。自尊是指人们肯定自我的感受，根据詹姆斯的说法，可以用**自尊 = 成功 / 愿望**这一公式来表示。

例如，如果取得好成绩就成功了，那么"想成为那样"的愿望越加强烈，分母的愿望值就越高，因此失败时自尊就越低。反之，即便总是失败的人，在愿望值不高的情况下，自尊也不会太低。作为成功的标准是因人而异的。即使在比赛和考试中成绩不佳，倘若想到这次失败是下一次的教训，并将失败看作某种成功的话，自尊就会变高。

美国的心理学家**罗森伯格**提出了测定自尊的测试——**自尊量表**测试，在测试中对 10 个问题进行回答"总是这样想""偶尔这样想""不怎么这样想""完全不这样想"，便可以推测出这个人的自尊程度。

在让实验对象进行这个测试的过程中，罗森伯格认为自尊心高的人会认为自己"这样就足够好了（good enough）"。这表示他们认为自己"非常好（very good）"，而将自己与他人对比时则认为"他们是他们，我是我"。也就是说，自尊心高的人，能够自己找到自我价值。

❗ 必备知识点

◉ 习得性无助

这是美国心理学家**马丁·塞利格曼**（Martin Seligman，1942— ）提出的概念。

如果人们长期处于无法回避的严肃状态，就无法采取应对这种状态的行为。

塞利格曼用不同的方式给两只狗电击，给其中一只狗安上了只要按下按钮就能停止电击的装置，而另一只狗则没有安装这个装置，继续给予电击。于是，在有狗能够跳过高度的隔板房间里，对两只狗进行同样的电击，在之前的实验中学会了躲避电机的狗为了躲避电击跳过了隔板，但是没有装备的狗则没有采取任何行动，继续受到电击。

塞利格曼从这些实验中得出结论，无助状态是通过学习掌握的。

如果人们持续这种无能为力的状况的话，也会有同样的**习得性无助**。和提高**自尊**一样，人们有必要努力回避得性无助。

能检测自尊的 自尊量表

自尊是指个人基于自我评价产生的情感体验。

詹姆斯的自尊公式

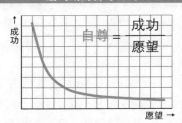

$$自尊 = \frac{成功}{愿望}$$

◎ 愿望越强烈，失败的时候自尊就越低。愿望低的话，即使失败了自尊也会保持不变。

罗森伯格的自尊量表

对10个肯定的问题和否定的问题，进行回答"总是这样想""偶尔这样想""不怎么这样想""完全不这样想"。分值依次是4分、3分、2分、1分，合计分数在25分以内的是自尊心低的人（very good），26分以上的是自尊心高的人（good enough）。

❶ 我对自己很满意。
❷ 我有时觉得自己不行。
❸ 我有一些亮点。
❹ 和朋友一样，我能做各种事情。
❺ 我没什么擅长的。
❻ 我有时会觉得自己"不中用"。
❼ 我觉得自己和其他人一样的是有价值的。
❽ 我希望我能更加尊重自己。
❾ 我觉得无论做什么都会失败。
❿ 我是积极向上的。

发现未知的自己——
"约哈里之窗"

对于自己的**性格**，在他人眼中的印象和我们自己所想的完全不同。美国心理学家**约瑟夫·勒夫特**（Joseph Luft）和**哈里·英格拉姆**（Harry Ingram）用图形表示这一点，这就是"人际关系中的注意曲线模型"。后来人们将这两个人的名字组合在一起，被称为**约哈里之窗**（▶如右图）。

这是把人们的自我领域看作像格子窗一样，划分成4个窗户（领域）。也就是说，人有四个部分，即他人和自己都知道的部分（**开放领域**）、自己不知道但他人知道的部分（**盲点领域**）、自己知道但他人不知道的部分（**秘密领域**）、谁都不知道的未知部分（**未知领域**）。

对于为自己的性格而感到烦恼的人来说，通过提高**自我开放能力**来扩大开放领域，减少秘密领域是很重要的。同时，珍惜能为我们指出自己盲点领域的他人，能通过未知领域扩展无限的可能性。当我们烦恼时，可以试着写下约哈里之窗来整理自己的心情。

✳ Psychology Q & A

Q：我的领导总是积极地思考。他没有想象的那么出色也会骄傲自满地说："这是我的特长。"像这样积极的人和其他人有什么不同之处吗？

A：过度肯定自我，超出了本来的实力而夸大自我的评价，这种心理状况叫作**积极幻想**（▶ P161）。

积极幻想有以下特征：①非现实地积极（肯定）地看待自我；②认为自己对外界的控制力大于现实；③将自己的未来描绘成玫瑰色。

这种幻想过度会导致病态。但是为了适应社会生存，适度持有这种幻想也比较好。

通过约哈里之窗发现
未知的自己

人们有四个自我，将其用图示的方式表达称为约哈里之窗。

		自己	
		已知	未知
他人	已知	**开放之窗** 自我和他人都知道的部分。公开的自我。 你要去打网球吧?／是啊	**盲点之窗** 自己没有注意到，但他人看到的部分。 前辈特别喜欢自己／对对
	未知	**秘密之窗** 自己知道，但他人没有看到的部分。 别管我／好	**未知之窗** 自己和他人都不知道的部分。蕴藏着无限的可能性。 我希望大家都能协助／一起做吧／好的

性别角色中的"男人味"和"女人味"

所谓的**男人味、女人味**指的是什么呢？是我们在潜意识中期待拥有男人性别特征的男性气质，拥有女人性别特征的女性气质。

在**性别差异心理学**中，从人们脑的性别差异和荷尔蒙平衡等方面来讨论性别差异，另外，在能力差异方面，也有从**性别角色**（**Gender**）的差异观点来进行讨论的。

从原始社会开始，男人们外出去打猎以确保粮食供给，保护女人和孩子不受外敌的侵害。而女人则在男人的保护下，承担着生育孩子、养育孩子的责任。女人起到被保护和珍惜的性别角色，男人起到保护女人和孩子的性别角色，因此形成了男性气质和女性气质。

平时所说的男人味、女人味，有时是指身体健壮等物理特征，也有时是指包容力等人格特征。社会上普遍谈论的男人味、女人味，可以说更多是指这种人格特征。但是性别差异应该从职业的适应性、价值取向的差异、社会和心理上的差异来考虑。

❗ 必备知识点

◉ 男女的性别差异

从以下侧面可以看出男女之间的性别差异。在生理方面，女性是卵子的载体，男性是精子的载体。在心理方面，女性重视人际关系，男性喜欢物质和机械，人际关系是达成目标的手段。在社会方面，女性倾向于集体主义，喜欢互相帮助，男性倾向于个人主义，自立性很强。

◉ 刻板印象（Stereotype）

不知不觉中将他人进行分类判断的心理活动，也称为**刻板型态度**。例如"江户人是急性子"等。在刻板印象中，像"男人是××""女人是××"，这样的想法被称为"性别刻板印象"，如果这些想法起到消极的作用，就会成为偏见，并给对方造成伤害。

男人味、女人味的形象

　　人们认为男人和女人有哪些形象呢？我试着收集了外在表现出的男人味和女人味，以及内在的男人味和女人味。

"男人味""女人味"相关调查

有效回答数字：1021人（10～60岁的男性562人、女性459人）

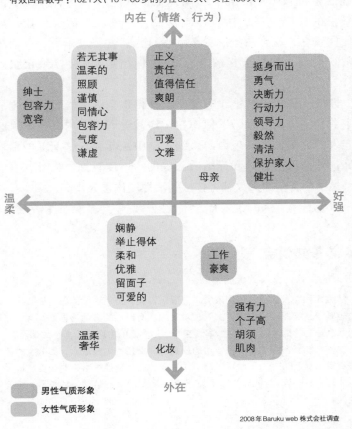

内在（情绪、行为）

绅士
包容力
宽容

若无其事
温柔的
照顾
谨慎
同情心
包容力
气度
谦虚

正义
责任
值得信任
爽朗

挺身而出
勇气
决断力
行动力
领导力
毅然
清洁
保护家人
健壮

可爱
文雅

母亲

温柔　　　　　　　　　　　　　　　　　　好强

娴静
举止得体
柔和
优雅
留面子
可爱的

工作
豪爽

强有力
个子高
胡须
肌肉

温柔
奢华

化妆

外在

男性气质形象
女性气质形象

2008年 Baruku web 株式会社调查

大脑功能存在个体差异，体现在每个人的性格上

在第 7 章中，我们介绍了从大脑的角度来观察心理活动，并解释了形成人的**性格**原因之一来自大脑的功能。位于**大脑边缘系统**的**杏仁核**（▶P260）和**海马体**（▶P262）具有保持人的性格平稳的功能。杏仁核有控制食欲、性欲、感情等作用，如果杏仁核破坏，就无法控制食欲、性行为、喜怒哀乐等，并表现出异常。另外，如果记忆的器官海马体受损，就会导致**记忆障碍**（▶P266）。

即使人们的脑机能没有异常，性格也会因大脑机能的强弱而产生差异。美国心理学家**黛博拉·约翰逊**调查了内向人的大脑和外向人的大脑，他发现内向人的大脑中额叶和丘脑前部的活性度较高，外向人的颞叶和丘脑后部等的活性度较高。另外，有实验结果显示，害羞的人大脑杏仁核的活性度比常人高。

也就是说，人的大脑有个体差异，此差异表现在性格方面。

❗ 必备知识点

◉ 男人的大脑，女人的大脑

从男人和女人的成长过程来看，一般来说女人开始说话的时间比较早。这被认为是掌管语言功能的**左脑**，女人相对发达。而男性的方向感很好，女性路痴很多。这也是为什么人们认为男性掌管空间认知功能的**右脑**优于女性的原因。

发挥右脑和左脑信息交换作用的**胼胝体**，女性比男性更大，因此女性的心思和感觉更细腻。男性由于胼胝体小，左右脑的信息交换很难临时应变，即使失败也不能马上转换通道。由此可见，性别差异会导致大脑的功能的差异，甚至是个体差异。

大脑功能的不同会导致
性格的差异

　　由于位于掌管情感的大脑边缘系统的杏仁核与海马体的作用，人们的性格会有所不同。

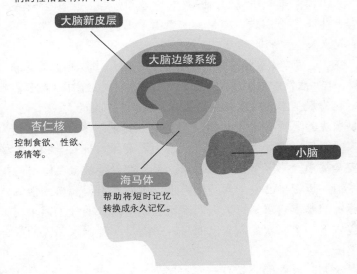

大脑新皮层

大脑边缘系统

杏仁核
控制食欲、性欲、感情等。

小脑

海马体
帮助将短时记忆转换成永久记忆。

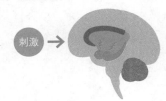

内向人的大脑

杏仁核和海马体容易对外界刺激做出反应。

刺激 →

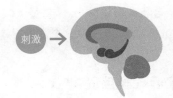

外向人的大脑

杏仁核和海马体对刺激不敏感。

刺激 →

使人类获得成长的马斯洛需求层次理论

人的需求是无止境的，即使生活得再富裕，也不能满足于此，还会产生下一个需求。但是，产生需求不满并不是一件坏事，因为它是人类进步的原动力。

美国心理学家**亚伯拉罕·马斯洛**（▶下面）把人的**基本需求**分为四种，当一种需求被实现时，就会产生更高层次的需求（**成长需求**）。

首先最基本的需求是**生理需求**。人们为填饱肚子就"吃"，为满足喉咙的渴就"喝"，除此之外还有"排泄"等，这些都是为了生存的最低限度的需求。第二个是为了确保人身安全和生活稳定的**安全需求**。第三个是**社交需求**，是人们希望被自己所属的组织所接纳，想有自己爱的人等的需求。最后是希望能得到他人认可和尊敬的**尊重需求**。每当人们满足这四个需求的一个需求时，就会进入下一个层次的需求。而且，每满足一种需求，人们就会获得成长。

比如，人们的衣食住行得到满足，就会想要一个安定的家，如果可以的话，接下来就会想要做一份好工作，想要结婚组建一个幸福的家庭，最终想要成为受人尊敬的人。

当基本需求全部满足后，就会进入更高层次的需求——成长需求（**自我实现需求**），希望最大限度地发挥自己的能力，提升自己的可能性。如果能按照这个需求行动的话，就能感受到人生的意义。

♥ 心理学巨匠

◉ 亚伯拉罕·马斯洛（Abraham Harold Maslow）

美国心理学家（1908—1970）。作为人性心理学的创始人，他的人格理论被称为**自我实现理论（需求层次理论）**，在经营学等其他领域也受到好评。1967 年被美国人道主义协会评为当年的"人道主义者"。

！必备知识点

◉ 实际存在的需求不满

奥地利的精神病学家**维克多·弗兰克**（Viktor Frankl，1905—1997）从第二次世界大战在强制收容所度过的经验中，发现了无法找到生存意义的需求不满，并将其命名为**实际存在的需求不满**。

如果人们有实际存在需求不满的话，就会失去生存的力量。每天都是漫无目的地度过，逃避所有的责任，然后被无力感支配。

另外，**自卑感**（▶P150）和**心理创伤**（▶P222）等，也和这种实际存在的需求不满有很大关系。

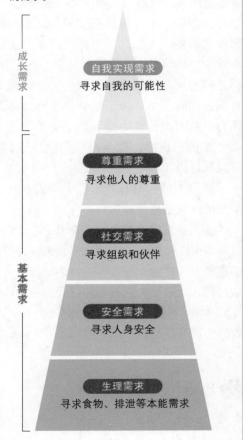

马斯洛的需求层次理论

人类的需求像 5 个层次的金字塔一样。满足了第 1 阶段的需求后，就会立志要满足上面的需求。

成长需求

自我实现需求
寻求自我的可能性

尊重需求
寻求他人的尊重

社交需求
寻求组织和伙伴

基本需求

安全需求
寻求人身安全

生理需求
寻求食物、排泄等本能需求

需求不满导致的挫折感

在我们人生中有时不会像想象的那样走运，在这种情况下，有需求的人们内心会产生怎样的现象呢？

在心理学上，有想要实现的需求却得不到满足的情况被称为**需求被抑制**。例如，明明自己将来有想做的事情，却被父母要求继续学习的情况下（需求被抑制），便会因为无法实现自己的梦想而感到不满，**挫折感**油然而生。挫折感是指需求被抑制和需求不被满足同时发生。为了承受这个挫折感而具备的能力叫作**抗挫折能力**，拥有这种能力是人们坚强地活下去的必要条件。如果积累了太多的挫折感，就会由压力引发**防御机制**（防御反应▶P150）等问题行为。

而当人们同时有两个以上的需求时，不知道该先满足哪一个需求的现象被称为**冲突**。

美国心理学家**库尔特·勒温**（Kurt Lewin，1890—1947）将冲突分成以下 3 种类型：①**接近—接近型冲突**，表示当人们有两种想做的事情时，犹豫到底选哪一种的情况下产生的冲突。②**回避—回避型冲突**，表示当人们有两种想要避免的事情，必须选择其一时而产生的冲突。③**接近—回避型冲突**，表示在某一件事情既有好处也有坏处的情况下，人们会表现出犹豫该不该选择时而产生的冲突。

❄ Psychology Q & A

Q：因为夫妻双方都不愿意承担压力，所以很快就会吵架。从心理学的角度来看，夫妻吵架有什么效用吗？

A：夫妻吵架被认为能提高抗挫折能力。如果没有很好地培养出抗挫折能力的话，就会不断忍耐，最终离婚。

如果平时夫妻吵架，发泄一下心中的郁闷，就会给自己的心情找到一个出口，是消除压力的好方法。

但是，夫妻吵架的前提必须要从根本上信任对方，要有"跟对方说这些也没关系"的安全感，这样才能说出想说的话。如果夫妻关系冷淡，可能会阴险地说出来，夫妻吵架就会导致离婚或家庭分居。

这不仅适用于夫妻关系，也适用于亲子关系。成为能吵架的关系也能加深家人的羁绊。

需求被抑制和冲突

在需求得不到满足的情况下（需求被抑制），会导致挫折感。另外，当人们有两个以上的需求时，纠结于先满足哪一个需求的现象被称为冲突。

需求被抑制

在需求被抑制的情况下如果挫折感过高，就会引起压力。

冲突

1 接近－接近型

在喜欢的两个人之间徘徊

2 回避－回避型

在不喜欢的两个人之间徘徊。

3 接近－回避型

虽然不喜欢，但毕竟是有钱人家的女儿，所以很犹豫。

用催眠疗法影响潜意识，克服自卑

人们在**深层心理**上，一想到自己有什么缺点（**自卑**），就会努力克服，因此人们可以通过自卑获得成长。例如，**防御机制**（▶ P150）等可以说是自卑感起到了积极作用的结果。

但是，过度自卑也会使人丧失自信，引发各种精神疾病。**催眠疗法（心理疗法之一）**是克服自卑感的有效手段。催眠分为**他人催眠**（催眠师对被催眠者实施）和**自我催眠**（自己施行催眠法）。

他人催眠的情况下，进入催眠状态（半醒状态），即使人们听到周围的声音也不会在意，而只会注意催眠师的声音。而且与**意识脑**（有意识思考时工作的**左脑**）相比，**潜意识脑**（潜意识工作的**右脑**）工作的比例更高。人们在接受催眠疗法时，以舒畅的心情坦率地倾听引导的声音是很重要的。

❗ 必备知识点

◉ **各种各样的情结**

- **灰姑娘情结**
  女性希望受到男性的保护。
- **洛丽塔情结**
  成年男人对未成熟的少女产生爱情。
- **母亲情结**
  成年男性永远无法独立，依赖母亲。
- **该隐情结**
  为了独占父母，与其他手足对立。
- **白雪公主情结**
  由于自己受到了母亲的体罚，因此对自己的孩子也会做同样的事情。世代之间容易引发虐待的连锁现象。
- **弥赛亚情结（弥赛亚是救世主的意思）**
  因为不爱自己，所以想要通过他人的感谢来实现自我，有实现人类大爱等过度的理想主义。

刺激潜意识的催眠疗法

催眠疗法（他人催眠）有在专业心理机构等进行的面对面催眠疗法、在家接受催眠疗法的远程催眠疗法、催眠诱导到几时查明内心冲突原因的退行疗法等多种方法。

退行疗法流程的例子

❶事前咨询	对现在的烦恼进行咨询，来访者说出自己想了解什么、为何烦恼、想成为什么样的人等。
❷催眠引导（放松）	用轻微的催眠引导来缓解紧张感。
❸开始催眠疗法	进入催眠状态，潜意识的印象浮现出来。看到的内容因人而异。
❹与内在小孩相遇	内在小孩（潜意识里孩子的心）出现，想起小时候心灵受到严重伤害的事情。
❺与潜意识自我对话	在意识和潜意识之间进行交流，在儿时的自己和长大后的自己的视角之间来回切换。
❻自我整合	和潜意识深处的自我交换信息，发现自己本来的愿望。
❼从催眠中唤醒	根据专家的唤醒手法，心情舒畅地醒来。
❽事后咨询	把在催眠中感受到的事情等说出来，接受建议。

从潜意识姿势——
睡姿看出性格

梦的解析（▶ P304、306）是了解人的**深层心理**的有效手段。美国精神分析医生**塞缪尔·丹克尔**认为，从**睡姿**中也能看出一个人的性格和当下的状态，尤其是烦恼等人们的深层心理。正因为睡姿是**潜意识**的姿势，所以才认为和本人的性格有某种联系。

睡姿有大字形、侧睡、弯曲着腿睡、交叉胳膊睡等各种各样的姿势。这些有特征的睡姿被称为胎儿型、国王型、俯卧型、怀抱型、狮身人面像型、半胎儿型等（▶如右图）。

由于一晚上要翻好几次，所以睡姿不一定是固定的姿势。但是，人们第二天早上醒来时，即睡了很长时间，也会还是觉得累，这是由于即使睡觉也无法消除的压力堆积在了身体里。可以说，睡姿反映了人在睡眠、潜意识状态下的紧张状态和放松度。

✳ Psychology Q & A

Q：我睡觉的时候有"鬼压床"（身子动弹不得）的情况，这和潜意识有关系吗？

A：人们在睡觉时产生"鬼压床"的现象在医学上被称为**睡眠麻痹**，通常是人们全神贯注地做了什么之后在睡觉时发生的情况。也有人感觉自己身上有什么压着或是感到有人进入房间，也有人认为和灵异现象有联系。

"鬼压床"的多数情况都发生在**快速眼动睡眠**（浅睡眠▶ P308）期。在大脑非常活跃地做梦状态下，在进行过度的脑力劳动和运动后勉强让身体休息时，以及自律神经失调等生理原因都导致"鬼压床"现象。

从睡姿看出性格

丹克尔认为，睡姿可以反映一个人的性格和深层心理。

1 胎儿型

呈现出在母亲胎内时的姿势，是自我防御本能的表现。

2 国王型（仰面朝天的睡姿）

堂堂正正的自信家，多见于有个性的人。

3 俯卧型

有支配心的表现。多见于保守的神经质的人。

4 怀抱型

对不符合理想的现实抱有欲求不满。

5 狮身人面像型

孩子常见的类型。多见于神经质的人或失眠的人。

6 半胎儿型

保护内脏的姿势。有常识，能保持平衡的性格。

梦是欲望的满足——
弗洛伊德梦的解析

谁都对自己的**梦**代表什么意思感兴趣。**弗洛伊德**（▶ P98）认为**梦是满足人们欲望的东西，人们做的梦都有意义**，通过梦打开内心深处**潜意识**的门。

自卑感（▶ P150）和性方面的**创伤**（心理创伤▶ P222）等，对人的**自我**来说不合适的地方一般不会表现在**意识**上，而是被困在潜意识中。但是，这些会在意识支配减弱的**睡眠**状态下，从意识的缝隙中浮现出来，弗洛伊德认为那就是我们所做的梦的真实面目。

因此，弗洛伊德让患者按照回忆起的梦的顺序进行自由联想，试图解读他们的**深层心理**。因为梦在**超我**（伦理道德▶ P98）的作用下，被加工成安全的形态，在意识之下显现出来。由此明白了梦中出现的内容，有着所对应的欲望和感情。弗洛伊德也说过，梦是被困在潜意识中的另一个自我，这与幼儿时期的**力比多**（性能量▶ P102）和经历有关。于是，弗洛伊德得出结论：皇帝代表父母；落在水中表示出生；枪代表男性器官；果实代表女性器官；动物代表性欲或性行为的象征。

在弗洛伊德生活的时代，谈论性本身就是禁忌，所以当时这种想法被人们认为是轰动社会的。尽管受到了周围人的谴责，但是他所提出的各种理论对如今的心理学产生了巨大的影响。

❗ 必备知识点

◉ 梦是欲望的满足

弗洛伊德对梦的定义。例如，人们想和恋人见面但不能见面的情况下，做一个和恋人见面的梦代替实现这个欲望。

还有，做了一个不明白意思的梦是因为潜意识下被压抑的欲望被**歪曲**了。一般来说，自我意识不发达的孩子做的梦是饿了就吃东西的梦，这样相对容易理解，而成人的梦大多是歪曲的难以理解的梦。

◉ 焦虑、退行、压抑、检阅

弗洛伊德阐述的四种梦的性质。被猛兽追逐着四处逃窜的梦象征着**焦虑**，幼儿时期从父母那里受到的压力变成潜在的焦虑表现出来。**退行**（▶ P105）是在幼儿期逃避过去的事情重新浮现。**压抑**表现为被压抑的潜意识中的需求与情感。**检阅**在被压抑的欲望出现在梦里之前，起到检查和抑制这种欲望的作用。

弗洛伊德梦的解析

弗洛伊德认为，自卑感和心理创伤等在潜意识中表现出来的东西就是梦的原型，以下这些内容代表某种象征。

男性器官的象征

- 长的、突出的东西：树木、棒子、手杖、雨伞
- 伸缩的东西：自动铅笔
- 流出液体的东西：喷水池、水龙头

女性器官的象征

- 可以放入物品的空洞：箱子、鞋子、口袋

出生的象征

- 落到水里的梦
- 从水里爬出来的梦

死亡的象征

- 旅行的梦
- 坐火车旅行的梦

体现两种潜意识的梦——荣格梦的分析

弗洛伊德梦的解析（▶P304）认为，梦代表人的欲望，尤其是和本人在幼儿时期的性体验有关。而**荣格**（▶P110）认为**梦是所有欲望的象征，具有更积极的功能。**

荣格认为**潜意识**有两种，分为**集体潜意识**（▶P110）和在其之上的**个体潜意识**（▶P110）。个体潜意识和弗洛伊德认为的潜意识一样，是人类一直以来所拥有的真正意义上的潜意识。与此相对，集体潜意识被认为是人类共同拥有的心理活动，将其称为"原型"，即使人们处的文化和环境不同，但神话和童话却是相通的。荣格得出的结论是，这两种潜意识变成**潜在的欲望**所表现出来的就是梦。

除此之外，荣格还认为，将梦中的事情变成现实的**预知梦**（与事实一致的梦▶P118）也是由集体潜意识引起的，他独创了解释梦的方法。

❗ 必备知识点

◉ 客体水平，主体水平

荣格在进行梦的分析时，为了判断那个梦是否是真正的潜意识而设置了判断标准。

例如，梦见少年遇到健壮的成年男子。这时，如果那个少年以前遇见过那个男人，就会梦见实际存在的男人。荣格把它称为**客体水平**。

而当那个少年潜意识里憧憬着"强壮的男人"，这种情况下的"强壮的男人"就是比喻自己潜意识的存在。这就是**主体水平**。

荣格明确指出，即使是同样的男性出现的梦，通过设定两个不同的标准，对梦的解释也会有微妙的差异。

荣格梦的分析

荣格认为，个体潜意识和集体潜意识表现欲望就是梦的本质。

个体潜意识

对A女士产生爱慕的情况下，A女士就会出现。

集体潜意识

如果盲目地想和女性见面，就会出现自己憧憬的女性形象（原型）。

预知梦（与事实一致的梦）

梦见自己成功登顶。于是，经过努力终于通过了考试。

合格！

快速眼动睡眠和非快速眼动睡眠，哪个阶段在做梦？

　　既有每天做梦的人，也有几乎不做梦的人。人们之间为什么会有这样的差异呢？

　　美国的睡眠研究学者**尤金·阿瑟瑞斯基**（Aserinsky）和**纳撒尼尔·克莱特曼**（Nathaniel Kleitman）最先明确了梦是在睡觉的过程中产生的。他们认为睡眠有**快速眼动睡眠**和**非快速眼动睡眠**。

　　快速眼动睡眠的快速眼动（REM = Rapid Eye Movement）指的是快速眼球运动，在快速眼动睡眠时，闭上眼皮后也能观察到眼球在旋转。快速眼动睡眠是为了消除身体的疲劳而进行的浅度睡眠，和清醒时一样，脑电波在运转，血压上升，呼吸频率增加。而非快速眼动睡眠状态下，血压下降，呼吸频率降低，从而达到深度睡眠。快速眼动睡眠和非快速眼动睡眠以 90～100 分钟的周期重复（▶右图）。

　　并且，呼吸浅、大脑活跃的快速眼动睡眠是做梦的时候。醒来后记得的梦是在最后一次快速眼动睡眠时做的梦。也有不做梦的人，也有即使做了梦也会在非快速眼动睡眠时忘记的说法。

　　但是最近发现在非快速眼动睡眠时人们也会做梦，据说闪回性（▶ P223）的噩梦就发生在这个时候。

　　虽然做梦的原因还没有明确的解释，但是大家都知道睡眠时身体的感觉会影响到梦。尤其是尿意容易反映在梦境中是很有名的。除此之外，心中耿耿于怀的东西也会以变形的方式出现在梦里。

❗ 必备知识点

◉ 不安定腿综合征

　　正式的名称叫**下肢不宁综合征**（Restless legs syndrome），这是指，从傍晚到夜间脚痒难忍，产生难以忍受的不快感的神经疾病。因为人们从大脑内发出的神经传达物质**多巴胺功能**不能很好地发挥作用而导致的。也有因此而陷入慢性睡眠不足，引发抑郁症的情况。

◉ α 波、β 波

用**脑电波**的种类，把人们当下的精神状态（焦虑、紧张、安静等）作为数值表示的内容。有 α **波**（**Alpha**）、β **波**（**Beta**）、γ **波**（**Gamma**）、θ **波**（**Theta**）、δ **波**（**Delta**）五种。它们分别有以下特征。

● α **波**：出现在人们放松的状态下集中精神的时候，以及身心都处于协调状态的时候。

● β **波**：出现在压力大，紧张状态时。

● γ **波**：出现在烦躁、兴奋、生气的时候。

● θ **波**：出现在睡觉（浅睡眠）和冥想时。

● δ **波**：出现在熟睡时和潜意识下。

睡眠周期和梦的关系

睡眠由快速眼动睡眠和非快速眼动睡眠组成，以 90 ~ 100 分钟为一个周期。梦被认为是在快速眼动睡眠时出现的。

快速眼动睡眠	● 接近清醒的浅睡眠。 ● 眼球运动。 ● 做梦。 ● 呼吸、脉搏频率不规律。 ● 四肢无力。 ● 在这个时机起床的话，心情会很畅快。
非快速眼动睡眠	● 开始睡觉时的睡眠。 ● 熟睡，几乎不做梦。 ● 呼吸、脉搏频率减少。 ● 体温下降，出汗。 ● 肌肉在动。

睡眠与觉醒的节奏

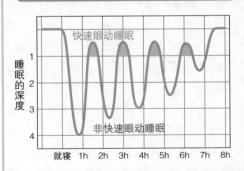

◎ 人们一旦入睡，首先出现非快速眼动睡眠，然后出现浅睡眠的快速眼动睡眠。

译者的话

提起心理学，身边的朋友们就会聊起原生家庭、精神分析、弗洛伊德、催眠等一些话题，这和我刚接触心理学时比起来，大家对心理学的认知可有了很大的不同。所以如果你正在寻找一本有关心理学的书籍，那么我想这本书就再适合不过了。

心理学专业的朋友们应该都知道《津巴多普通心理学》这本启蒙书，它非常全面、系统、科学地介绍了心理学各领域的概况和发展现状，但是书籍非常厚重，尤其不利于携带，这对于想利用坐车等闲暇碎片时间阅读的人来说是个遗憾。不过，涉谷昌三先生的这本《趣味通晓心理学》可是弥补了这个缺憾。首先从内容上来说，小到平日生活的消费、人际交往，大到企业组织中的人类行为；从心理学基本原理与心理现象的一般规律，到人类个体自出生、成熟至衰老的整个生命中心理发生和发展的过程；从治疗心理问题的临床心理学，到将心理学应用到人们生活中各方面的体育心理学、音乐心理学等，可以说本书就是《津巴多普通心理学》的浓缩干货版本。

作者对内容排版的精心设计会让你对这些心理学知识产生浓厚的兴趣，而且，本书结合文字内容还配有生动有趣的图片，让你在理性阅读的基础上，再次从图片的感性上加深印象，巩固内容。另外，在书中我们还可以感受到日本文化下的社会缩影，比如"青鸟综合征""糖果和鞭子"等。

总之，无论是想要全面了解心理学的一般读者，还是想要投身心理学事业的专业人士，这本书都是一本不可多得的好书。希望读者在享受阅读乐趣的同时，在学习过程中掌握更多的心理学新知识。

李怡安